EINFÜHRUNG
IN DIE THEORETISCHE
AERODYNAMIK

VON

DIPL.-ING. C. EBERHARDT

PROFESSOR FÜR LUFTSCHIFFAHRT UND FLUGTECHNIK
AN DER TECHNISCHEN HOCHSCHULE
DARMSTADT

MIT 118 ABBILDUNGEN

VERLAG VON R. OLDENBOURG
MÜNCHEN UND BERLIN 1927

DRUCK VON OSCAR BRANDSTETTER IN LEIPZIG.

Vorwort.

Durch die Errungenschaften der theoretischen Aerodynamik in den letzten Jahrzehnten wurde die Theorie des dynamischen Fluges auf eine sichere mechanische Grundlage gestellt. Die Übereinstimmung der theoretischen Ergebnisse mit dem wissenschaftlichen Versuch war so befriedigend, wie man es nur irgendwie erwarten konnte.

Der geringe Unterschied zwischen Theorie und Wirklichkeit erklärt sich zwanglos durch die Oberflächenreibung, sowohl für die Tragflächen von Flugmaschinen, als auch für Luftschiffkörper von geeigneter Form.

Für die in der Praxis tätigen Luftfahrtingenieure, sowie für die Studierenden luftfahrttechnischer Wissenschaften macht sich das Bedürfnis geltend, diese neueren Ergebnisse der theoretischen Aerodynamik sich zu eigen zu machen.

Diese Ergebnisse stellen jedoch dar, eine weitere Entwickelung der klassischen Hydrodynamik, eines Zweiges der theoretischen Physik, der im Laufe der Zeit durch Mathematiker und theoretische Physiker in musterhafter Weise ausgebaut wurde, ohne daß es jedoch gelungen wäre, diese Wissenschaft zur Untersuchung wirklicher Flüssigkeitsströmungen in der technischen Praxis zu verwerten.

Die Techniker konnten daher mit der theoretischen Hydrodynamik nicht viel anfangen, sie waren vielmehr gezwungen, sich eine besondere Wissenschaft zu schaffen, die den Anforderungen der Wirklichkeit besser gerecht wurde. So entstand auf empirischem Wege die „Hydraulik".

Auf technischen Hochschulen wurde daher die klassische Hydrodynamik im allgemeinen nur wenig gepflegt.

Die Folge davon war, daß die interessierten technischen Kreise mehr oder weniger Schwierigkeiten fanden, um in das neue theoretische Fachgebiet eindringen zu können, da ihnen die Grundlage, die Kenntnis der bisherigen Lehren der theoretischen Hydrodynamik nicht geläufig war.

In der Tat bildet die neuere theoretische Aerodynamik, die wir den Arbeiten von Kutta, Lanchester, Joukowski und Prandtl verdanken, diejenige Vervollständigung der klassischen Hydrodynamik, durch die dieser interessante Zweig der theoretischen Physik nach ca. 150 Jahren endlich die ihm zukommende praktische Bedeutung für den Ingenieur gewonnen hat.

Insbesondere gelang es Prandtl, den lang gesuchten theoretischen Widerstand der Tragfläche mit endlicher Spannweite im reibungslosen Medium in einer klassischen Form zu entwickeln, und außerdem durch seine Grenzschichttheorie zu zeigen, daß bei geeigneter Formgebung z. B. von Luftschiffkörpern in wirklichen Flüssigkeiten mit geringer Reibung, die reine Potentialströmung der hydrodynamischen Theorie fast vollkommen in die Erscheinung tritt.

Alle vorliegenden Arbeiten über moderne Aerodynamik, wie etwa die ausgezeichneten Werke von Fuchs-Hopf, Grammel usw. setzen die genaue Kenntnis der Lehren der klassischen Hydrodynamik voraus, so daß die oben erwähnte Schwierigkeit nur beseitigt werden könnte durch das vorausgehende Studium eines der vorzüglichen Werke über dieses Wissensgebiet, die uns von der in- und ausländischen Literatur in reichlichem Maße geboten werden.

Diese Werke sind jedoch alle verfaßt von Mathematikern oder theoretischen Physikern, entsprechend dem bisherigen Anwendungsgebiete der Hydrodynamik, sie gehen auch meist weit hinaus über das in unserem Falle für den Leser notwendige, und erfordern auch recht eingehende mathematische Kenntnisse, beides Umstände, die es dem Studierenden einer Hochschule, oder dem in der Praxis tätigen Luftfahrtingenieur bei dem Mangel an Zeit erheblich erschweren, den gewünschten Einblick in die aerodynamische Theorie sich zu verschaffen.

Dazu kommt noch, daß diese eingehenden, theoretischen Werke dem Anschauungsbedürfnis des Ingenieurs keine, oder nur wenig Rechnung tragen, infolge des fast völligen Mangels an Abbildungen.

Ich glaubte daher, zunächst einem Wunsche meiner Studierenden folgend, die vorliegende Arbeit herausgeben zu sollen, in der Hoffnung, dadurch dem genannten Interessentenkreise das Eindringen in die neuesten Erkenntnisse der theoretischen Aerodynamik zu erleichtern.

Ich habe mich bemüht, nur das unbedingt Notwendige vorzuführen, an der Hand zahlreicher anschaulicher Strichfiguren, um

mit der Prandtlschen Theorie des Widerstandes der endlich begrenzten Tragfläche abzuschließen. Es wird dem Leser nach dieser Vor-
bereitung dann leicht möglich sein, ohne Schwierigkeit die weiteren
Veröffentlichungen über theoretische Aerodynamik zu studieren,
und er wird auch in der Lage sein, zur Vervollständigung seiner
Studien die erwähnten Lehrbücher über klassische Hydrodynamik
mühelos lesen zu können.

Freilich war ich mir von vornherein darüber klar, daß die Art
meiner Darstellung der hydrodynamischen Theorie nicht immer die
Zustimmung der berufenen Theoretiker finden wird. Ich möchte
dagegen jedoch zum Ausdruck bringen, daß wir Ingenieure häufig
gezwungen sind, in Rücksicht auf unsere anders eingestellten Aufgaben, andere Mittel und Wege zu suchen, um schnell zu einem
Ziele zu gelangen.

Darmstadt, Februar 1927.

C. Eberhardt.

Inhaltsverzeichnis.

Seite

1. Einleitung 1
2. Darstellungsmittel der Hydrodynamik 5
3. Ableitung der Kontinuitätsgleichung 8
4. Ansatz der dynamischen Grundgleichung auf ein Flüssigkeitselement . . 10
5. Die Grundgleichung der Hydrostatik 13
6. Die Grenzbedingungen der Strömung 14
7. Vereinfachung der Gleichungen von Euler 15
8. Integration der Gleichungen von Euler 17
9. Begriff der Grenzgeschwindigkeit 24
10. Luft als inkompressible Flüssigkeit 25
11. Die Potentialströmung um die Kugel 28
12. Körper von beliebiger Gestalt in der Potentialströmung 33
13. Die zweidimensionale Zylinderströmung 35
14. Die Ursachen des Widerstandes in einer Flüssigkeit mit geringer Reibung 40
15. Der Einfluß der Form des Körpers auf den Widerstand 49
16. Der Satz von Gauß 55
17. Die Theorie der hydrodynamischen Wirbelbewegung 60
18. Der Satz von Stokes 67
19. Die Zirkulationsströmung um den Zylinder 72
20. Die Deformation der Elemente 78
21. Die Überlagerung ebener Stromsysteme 83
22. Die Zylinderströmung mit überlagerter Zirkulation 88
23. Die Stromfunktion und das Geschwindigkeitspotential 92
24. Der Zusammenhang der Stromfunktion mit der Theorie der komplexen
    Größen 97
25. Die Theorie der konformen Abbildung 102
26. Konforme Abbildung der einfachen Parallelströmung 108
27. Konforme Abbildung der Kreiszylinderströmung mit Zirkulation auf eine
    beliebige Kontur 113
28. Allgemeiner Beweis des Satzes von Joukowski 115
29. Die Theorie der Tragfläche mit unendlicher Spannweite 118
30. Die Energie überlagerter Wirbelsysteme 122
31. Die Theorie der Tragfläche mit endlicher Spannweite 125
32. Die Ableitung des theoretischen Widerstandes 130

1. Einleitung.

Denken wir uns einen großen, allseitig fest umgrenzten Raum, der mit irgend einem flüssigen oder gasförmigen Medium vollständig erfüllt ist, und in dem sich ein beliebig gestalteter fester Körper befinden möge.

Es hindert nichts, sich die festen Grenzen dieses Raumes auch in unendlich großer Entfernung vorzustellen. Wir können dann von einem unbegrenzten Medium sprechen.

Das gesamte Massensystem befinde sich in vollständiger Ruhe.

Nun denken wir uns, daß der in diesem Medium eingeschlossene feste Körper sich zu bewegen beginne unter dem Einflusse einer Kraft, die ihn bis zu einer bestimmten Geschwindigkeit beschleunigt, und er möge sich dann geradlinig mit konstanter Geschwindigkeit fortbewegen.

Also etwa eine Kugel, die wir in der Flüssigkeit sich bewegen lassen, oder irgend ein Luftfahrzeug, das mit konstanter Geschwindigkeit die Atmosphäre durchschneidet.

Befindet sich z. B. ein Luftfahrzeug in hinreichender Entfernung von der Erde, der unteren Grenze der Atmosphäre, dann können wir mit genügender Genauigkeit von einer Bewegung in einem unbegrenzten Medium, das heißt in einem Medium mit unendlich fernen Grenzen sprechen.

Es ist klar, daß durch die Bewegung des festen Körpers zunächst die unmittelbar vor ihm liegenden Massenteilchen des Mediums ebenfalls in Bewegung gesetzt werden. Sie werden von ihm beiseite geschoben, um ihn herumfließen, und hinter ihm den freigewordenen Raum kontinuierlich wieder ausfüllen müssen.

Diese kontinuierliche Ausfüllung ist freilich nicht unbedingt notwendig, sondern nur dann, wenn das fest begrenzte Medium vollkommen unzusammendrückbar, oder inkompressibel ist. Diese Eigenschaft besitzen mit praktisch vollkommen hinreichender Genauigkeit nur die Flüssigkeiten. Alle Gase hingegen, also auch die atmosphärische Luft, sind bekanntlich hochelastische, zusammendrückbare Körper.

Es scheint demnach, daß wir beim Studium der Bewegung fester Körper durch ein Medium einen wesentlichen Unterschied zu machen hätten, je nachdem es sich um ein flüssiges oder gasförmiges Medium handelt.

Ist in einem unzusammendrückbaren Medium der gesamte begrenzte Raum stets restlos von dem Medium und dem darin befindlichen festen Körper ausgefüllt, dann kann sich daran auch nichts ändern, wenn der Körper sich in beliebiger Weise bewegt. Es kann also nirgends eine Lücke, das heißt ein leerer Raum entstehen. Wesentlich dabei ist nur, daß der Raum durch feste Wände allseitig umgrenzt ist. Eine unendliche Entfernung der Grenzen ändert daran nichts.

Bei einem Unterseeboot z. B. kann sich bei genügender Geschwindigkeit ein wasserleerer Raum ausbilden, trotz der Unzusammendrückbarkeit des Wassers, wenn das Boot nicht genügend tief unter der Oberfläche des Meeres fährt, weil in diesem Falle der Raum nach oben zu nicht fest begrenzt ist. Es kann daher hinter dem bewegten Körper eine Lücke entstehen, da die Flüssigkeit nach oben hin in Gestalt einer Oberflächenwelle ausweichen kann.

Es ist naheliegend, daß die Bewegungen der einzelnen Massenteilchen des Mediums leichter zu verfolgen sind, wenn wir es mit einer unzusammendrückbaren Flüssigkeit zu tun haben. Es läßt sich aber nun beweisen, daß wir nur geringe, leicht in Kauf zu nehmende Fehler machen, wenn wir auch die Luft, in der unsere Körper, nämlich die Luftfahrzeuge, sich zu bewegen haben, als unzusammendrückbar annehmen, sofern nur die Geschwindigkeiten dieser Körper nicht viel über 100 m pro Sekunde hinausgehen. Im Notfall können wir die Unzusammendrückbarkeit auch noch bis zu 200 m pro Sekunde gelten lassen. Es sind dies Geschwindigkeiten, die unsere Luftfahrzeuge sobald nicht überschreiten dürften, so daß wir unbesorgt zunächst uns die große Vereinfachung gestatten dürfen, unser hochelastisches Medium als ebenso unzusammendrückbar zu betrachten wie es das Wasser tatsächlich ist.

Dies mag höchst merkwürdig und unwahrscheinlich erscheinen. Es wird aber später gezeigt werden, daß der begangene Fehler bei 100 m pro Sekunde nur etwa 5 % ausmacht bei 200 m pro Sekunde, die z. B. bei Luftschrauben an den Umfangspunkten überschritten werden ca. 15 %. Darüber hinaus wächst der Fehler freilich schnell, so daß die Annahme der Unzusammendrückbarkeit nicht mehr aufrechterhalten werden kann.

Es ist klar, daß der in Bewegung gesetzte feste Körper nicht nur die Massenteilchen des Mediums in seiner unmittelbaren Umgebung in Bewegung setzt, sondern daß auch die entfernten Teilchen bis an die festen Grenzen des Raumes in Unruhe geraten.

Befinden sich diese Grenzen in unendlich großer Entfernung, so wird diese Störung durch einen Körper von endlicher Ausdehnung sich dort nicht mehr geltend machen, d. h. die in unendlicher Entfernung von dem Störungskörper befindlichen Massenteilchen des Mediums bleiben in Ruhe.

Unsere Aufgabe besteht nun darin, die Kräfte zu bestimmen, die erforderlich sind, um eine konstante Bewegung des festen Körpers in der Flüssigkeit aufrechtzuerhalten. Aus der täglichen Erfahrung ist uns bekannt, daß dazu insbesondere bei Luftfahrzeugen beträchtliche Kräfte erforderlich sind.

Es ist sehr naheliegend anzunehmen, daß außer den Reibungskräften die Art der Bewegung der Flüssigkeitsteilchen, die durch den Störungskörper veranlaßt wird, für die Größe dieser Kräfte maßgebend ist, und daß weiterhin die Form des Körpers diese Bewegungsart bestimmt.

Die Art und Weise, wie die Gesamtheit der Flüsigkeitsteilchen sich bewegt, nennen wir ganz allgemein eine „Strömung". Die Bahn, die ein einzelnes Flüssigkeitsteilchen im Verlaufe des Vorganges beschreibt, heißen wir eine „Stromlinie". Die Strömung ist daher bekannt, wenn wir die Stromlinien aller Flüssigkeitsteilchen aufzeichnen können.

Für die Bestimmung der Kräfte kommt es offenbar auf dasselbe hinaus, wenn wir uns den Körper ruhend denken und das unbegrenzte Medium mit konstanter Geschwindigkeit parallel der Bewegungsrichtung des Körpers strömen lassen. Diese Vorstellung ist die anschaulichere.

Die Kraft, um den Körper in der Strömung an der Stelle festzuhalten, ist selbstverständlich die gleiche, als wenn wir ihn mit derselben Geschwindigkeit durch die ruhende Flüssigkeit hindurch treiben.

Dieser Fall liegt z. B. praktisch vor, wenn ein Luftfahrzeug sich genau gegen eine Windströmung bewegt, deren Geschwindigkeit gerade gleich der Eigengeschwindigkeit des Fahrzeuges ist. Dieses steht dann relativ zur Erde still. Der Druck der Propeller, der stets gleich dem gesamten Luftwiderstande ist, ist selbstverständlich der gleiche, als wenn das Luftfahrzeug sich bei völliger Windstille relativ zur Erde mit seiner Eigengeschwindigkeit bewegt. Auch an dem Strömungsbild relativ zu dem Störungskörper ändert sich in beiden Fällen nichts.

Um derartige Strömungsbilder für verschieden gestaltete Körper zu erhalten, stehen uns die Hilfsmittel der „theoretischen Hydrodynamik" zur Verfügung, d. h. allgemein die Lehre von der Bewegung der Flüssigkeiten.

Sie wurde begründet von den großen Mathematikern in der Mitte des 18. Jahrhunderts (Leonhard Euler, Daniel Bernoulli u. a.) und im Laufe der Zeit durch Mathematiker und theoretische Physiker zu einer Vollendung ausgebaut wie kaum ein anderer Zweig der theoretischen Physik.

Um praktisch brauchbare Gleichungen aufstellen zu können, war es allerdings nötig, der Flüssigkeit Eigenschaften beizulegen, die sie in Wirklichkeit nicht ganz besitzt, und zwar erstens die schon erwähnte Unzusammendrückbarkeit, und zweitens vollkommene Reibungslosigkeit. Die letztere können wir für die technisch in Betracht kommenden Flüssigkeiten, Wasser und Luft, gern annehmen, denn die innere Reibung dieser beiden Medien ist in der Tat so gering, daß ihre Vernachlässigung nicht allzu schwere Folgen haben dürfte.

Was die Unzusammendrückbarkeit betrifft, so kann sie für Wasser unbedenklich angenommen werden, es wurde aber schon darauf hingewiesen, daß diese Annahme auch für die Luft noch zulässig ist, sofern die Geschwindigkeiten nicht allzu groß werden. Sie ist sogar mit derselben Genauigkeit wir für Wasser zulässig, wenn die Geschwindigkeiten klein sind, gegenüber der Schallgeschwindigkeit (333 m pro Sek.). Eine reibungslose und unzusammendrückbare Flüssigkeit nennen wir eine „vollkommene" oder „ideale" Flüssigkeit.

Wider Erwarten hat nun die Annahme der Reibungslosigkeit zunächst einen so katastrophalen Unterschied zwischen den Ergebnissen der Theorie und der Wirklichkeit zur Folge, daß der praktisch tätige Ingenieur über $1\frac{1}{2}$ Jahrhunderte lang mit der theoretischen Hydrodynamik nicht viel anzufangen vermochte. Es ergab sich nämlich, daß der Widerstand eines Körpers bei der Bewegung in einer vollkommenen Flüssigkeit stets gleich Null ist, wie der Körper auch gestaltet sein möge.

Es ist klar, daß ein derartiges, scheinbar rätselhaftes Resultat für den Praktiker wertlos war, und daß er sich nach einer anderen

Wissenschaft umsehen mußte, die der Wirklichkeit besser genügte. So entstand auf empirischem Wege die „Hydraulik".

In der Tat lag früher die Bedeutung der Hydrodynamik der vollkommenen Flüssigkeit weniger in der Anwendung auf wirkliche Flüssigkeitsströmungen, sondern sie beruhte auf der Möglichkeit, ihre Lehren mit großem Erfolg auch auf andere Zweige der Physik zu übertragen, z. B. auf die Lehre vom Magnetismus, die Lehre von den Kraftfeldern usw.

Erst in den letzten Jahrzehnten, angeregt durch die Entwickelung der Luftfahrt, gelang es, namentlich durch die verdienstvollen Arbeiten von Kutta, Prandtl und Joukowski, die theoretische Hydrodynamik so auszubauen, daß sie allen Anforderungen der Praxis gerecht werden konnte.

Sie gestattet die Ursachen des Widerstandes von Luftschiffkörpern, sowie Auftrieb und Widerstand der Tragflächen einer Flugmaschine mit einer Genauigkeit zu erforschen und zu berechnen, die nicht viel mehr zu wünschen übrig läßt.

2. Darstellungsmittel der Hydrodynamik.

Wir richten unsere Aufmerksamkeit auf einen bestimmten Punkt P des mit strömender Flüssigkeit erfüllten Raumes, der die Koordinaten x, y, z haben möge, in bezug auf den beliebig gewählten Pol eines rechtsgängigen Koordinatensystems (Abb. 1).

Die Strömungsgeschwindigkeit v, die ein Massenteilchen der Flüssigkeit besitzt in dem Augenblicke, in dem es den ins Auge gefaßten Punkt passiert, ist im allgemeinen eine Funktion des Ortes und der Zeit. Sie ist nach Größe und Richtung gegeben durch die 3 Komponentenfunktionen:

$$\left.\begin{array}{l} v_1 = f_1(x, y, z, t) \\ v_2 = f_2(x, y, z, t) \\ v_3 = f_3(x, y, z, t) \end{array}\right\} \ . \ . \ . \ 1$$

wobei

$$v = \sqrt{v_1^2 + v_2^2 + v_3^2}.$$

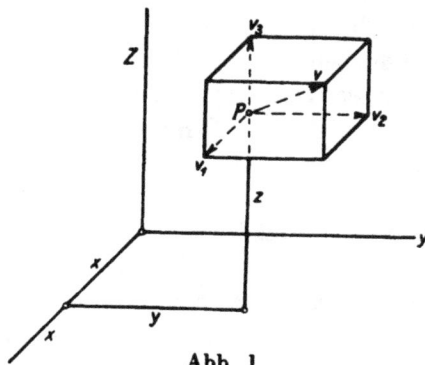

Abb. 1.

Da in manchen Lehrbüchern der Aerodynamik mit Vektoren gearbeitet wird, werde ich die wichtigeren Gleichungen auch in Vektorform anschreiben, damit sich der Leser an diese gewöhnt.

Die Vektorgrößen werden durch deutsche Buchstaben gekennzeichnet. Für die 3 Komponentengleichungen 1 erhalten wir jetzt nur eine einzige Gleichung, nämlich:

$$\mathfrak{v} = f(\mathfrak{r}, t) \quad \dots \dots \dots \dots \dots 1a$$

wobei $\mathfrak{r}$ den Abstand des ins Auge gefaßten Punktes vom Pol nach Größe und Richtung bedeutet.

Der durch die Gl. 1 gezeigte Weg zur Untersuchung eines Strömungsvorganges wurde zuerst von Euler beschritten. Die Gleichungen, zu denen man auf diesem Wege geführt wird; bezeichnet man daher als die Eulerschen hydrodynamischen Gleichungen.

Bei der idealen oder vollkommenen Flüssigkeit setzen wir voraus:

1. Unzusammendrückbarkeit,
2. Reibungslosigkeit.

Aus der ersten Voraussetzung folgt, daß das Gewicht der Raumeinheit des Mediums bei jedem Drucke konstant bleibt. Bezeichnen wir das Gewicht von 1 cbm des Mediums in kg mit γ, so ist stets $\gamma =$ Konst. in kg/m^3.

Aus der zweiten Voraussetzung folgt, daß der Flüssigkeitsdruck p in kg/m^2 in dem betrachteten Punkte senkrecht zu jeder Ebene steht, die man durch diesen Punkt legen mag. Eine reibungslose Flüssigkeit kann also keine Schubspannungen übertragen.

Bevor wir nun an die weitere Formulierung der Eulerschen Grundgleichungen herantreten, wollen wir den Zweck der Aufgabe an einem einfachen Beispiele erläutern. Denken wir uns den unendlichen Raum mit einer Flüssigkeit erfüllt, die überall mit konstanter Geschwindigkeit parallel zur y-Achse ströme. Es ist leicht, diese einfachste Strömung, die durch keinen Fremdkörper gestört sein möge, zeichnerisch darzustellen. Man zieht einfach in der y, z-Ebene in beliebigem Abstande voneinander lauter gerade Linien parallel zur y-Achse. Jede dieser Parallelen liefert eine Stromlinie, d. h. den Weg den die Flüssigkeitsteilchen ziehen. Etwas mehr System kommt in unsere graphische Darstellung, wenn wir die parallelen Stromlinien alle in gleichem Abstande voneinander einzeichnen. Dies kommt darauf hinaus, daß nun zwischen je 2 Stromlinien pro Zeiteinheit durch jeden Querschnitt stets dieselbe Flüssigkeitsmenge passiert. In diesem einfachsten Falle ist die Strömungsgeschwindigkeit, unabhängig von Ort und

Zeit konstant, nach Größe und Richtung, so daß die Gleichungen 1 sich schreiben würden:

$$v_1 = 0\,,$$
$$v_2 = v\,,$$
$$v_3 = 0\,,$$

wenn v die konstante Strömungsgeschwindigkeit des Mediums in Richtung der y-Achse bedeutet.

Wir nennen diese Strömung eine „stationäre" oder „permanente" Parallelströmung. In diesem Falle ist die Geschwindigkeit überall im Raum unabhängig von Ort und Zeit nach Größe und Richtung konstant.

Nun denken wir uns in diese Parallelströmung irgend einen Körper gestellt, z. B. eine Kugel, deren Mittelpunkt wir zweckmäßig mit dem Ursprung unseres Koordinatensystems zusammenfallen lassen. Die Strömung ist nun gestört. Jede einzelne Stromlinie wird abgelenkt, um so mehr, je näher sie sich dem Körper befindet. Erst in unendlicher Entfernung strömt die Flüssigkeit wieder mit der ursprünglichen Geschwindigkeit v parallel zur y-Achse.

Da die Stromlinien nach allen Richtungen um den Körper ausbiegen müssen, um hinter ihm wieder zusammenzufließen, wird die Strömungsgeschwindigkeit an allen Punkten des Raumes, außer im Unendlichen, nach Größe und Richtung sich geändert haben.

Unsere Aufgabe wäre es nun, für diesen besonderen Fall nach den Gleichungen 1 drei Komponentenfunktionen aufzustellen, die uns gestatten, die Geschwindigkeit nach Größe und Richtung für jeden Punkt des durchströmten Raumes und zu jedem Zeitpunkt zu berechnen.

Wenn die Geschwindigkeit der Parallelströmung im Unendlichen unverändert bleibt und der Körper sich nicht noch anderweitig bewegt, oder nicht etwa seine Gestalt oder Größe ändert, dann bleibt die Strömung selbstverständlich stationär, d. h. die Geschwindigkeit in jedem Punkte ist nur noch eine Funktion des Ortes allein, und bleibt zeitlich konstant. Das Stromlinienbild bleibt stets das gleiche.

Im allgemeinsten Falle freilich ändern sich zeitlich auch die Stromlinien, womit die Geschwindigkeit an jeder Stelle des Raumes außer vom Orte auch noch von der Zeit abhängig wird.

Die Richtung der Geschwindigkeit in jedem Punkte ist gegeben durch die Tangente, die wir in diesem Punkte an die Stromlinie legen können.

Bis jetzt ist das einzuhaltende Untersuchungsverfahren nur ganz allgemein geschildert worden. Die nächste Aufgabe besteht darin, die Gleichungen 1 so zu gestalten, daß sie für gegebene Fälle praktisch verwendet werden können. Zu diesem Zwecke haben wir die Bedingungen und Gesetze zu berücksichtigen, denen ein bewegtes Massenteilchen der Flüssigkeit unterworfen ist.

Zunächst besteht die Voraussetzung der Unzusammendrückbarkeit. Diese Eigenschaft bedingt, daß die Strömung immer in solcher Weise erfolgen muß, daß aus einem im Inneren der Flüssigkeit abgegrenzten festen Raume jederzeit ebensoviel ausströmt, als durch andere Teile der Grenzfläche einströmt. Diese Bedingung wird als die Kontinuitätsbedingung bezeichnet, und die Gleichung, die ihr Ausdruck gibt, heißt die Kontinuitätsgleichung.

Dazu kommt noch, daß das bewegte Flüssigkeitsteilchen den allgemeinen Gesetzen der Mechanik, also namentlich der dynamischen Grundgleichung, genügen muß.

3. Ableitung der Kontinuitätsgleichung.

Im Punkte P mit den Koordinaten x, y, z grenzen wir ein Elementar-Rechtkant ab mit den Kantenlängen δx, δy, δz (Abb. 2).

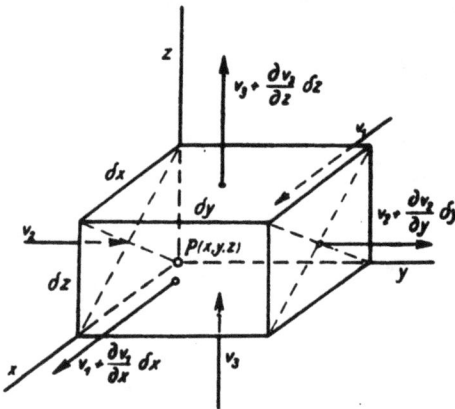

Abb. 2.

Betrachten wir zunächst die beiden zur y-z-Ebene parallelen Flächen des Rechtkants. Die Geschwindigkeit v sei in ihre rechtwinkligen Koordinaten v_1, v_2, v_3 zerlegt. Die Komponenten v_2 und v_3 tragen zur Einströmung nichts bei, da sie parallel zur y-z-Ebene gerichtet sind. Es kommt nur auf die Normalkomponente v_1 an. Ist diese positiv gerichtet, d. h. geht sie im Sinne der positiven x-Achse, so findet eine Einströmung in das Raumelement statt, die während der Zeiteinheit dem Rechtkante das Flüssigkeitsvolumen $v_1 \delta y \delta z$ zuführt.

Gleichzeitig strömt durch die gegenüberliegende Rechteckfläche ein Flüssigkeitsvolumen aus von der Größe:

$$\left(v_1 + \frac{\partial v_1}{\partial x} \cdot \delta x\right) \delta y \cdot \delta z = v_1 \delta y \delta z + \frac{\partial v_1}{\partial x} \delta x \delta y \delta z,$$

da v_1 um das Differential $\dfrac{\partial v_1}{\partial x} \delta x$ im allgemeinen wächst, wenn man um δx weiter geht. Die Differenz der beiden Volumen liefert daher einen Überschuß der Ausströmung gegenüber der Einströmung parallel zur x-Achse vom Betrage:

$$\frac{\partial v_1}{\partial x} \delta x \delta y \delta z$$

und analog in den Richtungen der y- und z-Achse:

$$\frac{\partial v_2}{\partial y} \delta x \delta y \delta z$$

und:

$$\frac{\partial v_3}{\partial z} \delta x \delta y \delta z.$$

Im ganzen strömt daher aus dem Raumelement pro Zeiteinheit mehr aus als ein, die Summe dieser 3 Werte, nämlich:

$$\left(\frac{\partial v_1}{\partial x} + \frac{\partial v_2}{\partial y} + \frac{\partial v_3}{\partial z}\right) \delta x \delta y \delta z,$$

wobei $\delta x \delta y \delta z$ den Rauminhalt des Rechtkantes darstellt.

Der Ausdruck in der Klammer stellt also das **pro Zeit- und Raumeinheit mehr aus- als einfließende Volumen** an der betrachteten Stelle vor.

Da nach unserer Voraussetzung das Gewicht γ der Raumeinheit des Mediums bei jedem Drucke konstant bleibt, wodurch wir den Begriff der Unzusammendrückbarkeit definiert haben, so ist dieser Begriff natürlich auch gleichbedeutend mit einer Unausdehnbarkeit des Mediums. In diesem Falle kann aus dem Raumelement natürlich nur ebensoviel ausströmen als einströmen.

Die Bedingung für die Unzusammendrückbarkeit des Mediums ist daher erfüllt, wenn der vorstehende Ausdruck verschwindet. Dies ist der Fall, wenn

$$\frac{\partial v_1}{\partial x} + \frac{\partial v_2}{\partial y} + \frac{\partial v_3}{\partial z} = 0 \quad \ldots \ldots \ldots \ldots 2$$

Dies ist die Kontinuitätsgleichung.

Daraus folgt, daß die Geschwindigkeitskomponenten v_1, v_2, v_3 nach unseren Gleichungen 1 keine ganz willkürlichen Funktionen

von x, y, z sein können, sondern nur solche, die der Kontinuitätsgleichung genügen, d. h. die Summe der 3 partiellen Differentialquotienten der Geschwindigkeitskomponenten nach ihren Achsen-
richtungen muß verschwinden.

In der Vektorschreibweise setzt man eine derartige Summe kurz:

$$\frac{\partial v_1}{\partial x} + \frac{\partial v_2}{\partial y} + \frac{\partial v_3}{\partial z} = \text{div } \mathfrak{v},$$

div bedeutet die Abkürzung von Divergenz oder Quelle.

Die Kontinuitätsgleichung schreibt sich daher im Vektorform
einfach:

$$\text{div } \mathfrak{v} = 0 \quad \ldots \ldots \ldots \ldots \text{2a}$$

in Worten: Die Divergenz von $\mathfrak{v}$ ist gleich Null. Im anderen
Falle ist die Bedingung der Unzusammendrückbarkeit nicht erfüllt.

Die Divergenz (räumliche Dilatation), also die Summe der 3
partiellen Differentialquotienten gibt an, wieviel pro Raumeinheit und Zeiteinheit aus irgend einem in der Flüssigkeit abgegrenzten Volumenelemente an der betreffenden Stelle und zur
gegebenen Zeit mehr aus- als einströmt, oder auch umgekehrt, je
nachdem die Divergenz der Geschwindigkeit positiv oder negativ
ist. Dies ist natürlich nur möglich, wenn das Gewicht γ der Raumeinheit des Mediums veränderlich ist, wie das bei Gasen im allgemeinen der Fall ist.

Es kann dann während eines Zeitelementes mehr Flüssigkeit
aus dem Raumelemente ausströmen als einströmt, und umgekehrt,
jedoch nur auf Kosten einer Abnahme oder Zunahme des Gewichtes γ
pro Raumeinheit, die mit einer Expansion oder Kompression des Mediums verbunden ist.

Physikalisch bedeutet die Divergenz von $\mathfrak{v}$ ein Volumen. Sie
ist daher eine richtungslose Größe.

4. Ansatz der dynamischen Grundgleichung auf ein Flüssigkeitselement.

Dieser Ansatz führt unmittelbar auf die hydrodynamischen Gleichungen von Euler.

Das wieder als unendlich kleines Rechtkant mit den Kanten-
längen δx, δy, δz abgegrenzte Flüssigkeitteilchen besitzt eine Masse:

$$dm = \frac{\gamma}{g}\,\delta x\,\delta y\,\delta z\,.$$

wobei γ das Gewicht von 1 cbm der Flüssigkeit bedeutet und g die Erdbeschleunigung.

Auf diese unendlich kleine Flüssigkeitsmasse wirken Kräfte ein, die sie nach dem dynamischen Grundgesetze beschleunigen. Man beachte, daß der Schwerpunkt dieses Massenteilchens sich im Laufe der Zeit dt um $\mathfrak{v} \cdot dt = d\mathfrak{z}$ verschoben hat oder in den Richtungen der 3 Achsen um

$$v_1 dt = dx; \quad v_2 dt = dy; \quad v_3 dt = dz.$$

Wegen der allgemeinsten Änderung von $\mathfrak{v}$ nach Ort und Zeit wird das totale Differential von v_1:

$$dv_1 = \frac{\partial v_1}{\partial t} dt + \frac{\partial v_1}{\partial x} dx + \frac{\partial v_1}{\partial y} dy + \frac{\partial v_1}{\partial z} dz.$$

Nach Einsetzen der Ausdrücke für dx, dy, dz wird:

$$dv_1 = \frac{\partial v_1}{\partial t} dt + v_1 \frac{\partial v_1}{\partial x} dt + v_2 \frac{\partial v_1}{\partial y} dt + v_3 \frac{\partial v_1}{dz} dt,$$

woraus durch Division mit dt sich die Beschleunigung des Massenteilchens in Richtung der x-Achse und analog in Richtung der y- und z-Achse ergibt zu:

$$\left.\begin{array}{l} \dfrac{dv_1}{dt} = \dfrac{\partial v_1}{\partial t} + v_1 \dfrac{\partial v_1}{\partial x} + v_2 \dfrac{\partial v_1}{\partial y} + v_3 \dfrac{\partial v_1}{\partial z} \\[2mm] \dfrac{dv_2}{dt} = \dfrac{\partial v_2}{\partial t} + v_1 \dfrac{\partial v_2}{\partial x} + v_2 \dfrac{\partial v_2}{\partial y} + v_3 \dfrac{\partial v_2}{dz} \\[2mm] \dfrac{dv_3}{dt} = \dfrac{\partial v_3}{\partial t} + v_1 \dfrac{\partial v_3}{\partial x} + v_2 \dfrac{\partial v_3}{\partial y} + v_3 \dfrac{\partial v_3}{\partial z} \end{array}\right\} \quad \ldots \ldots 3$$

oder in Vektorform:

$$\frac{d\mathfrak{v}}{dt} = \frac{\partial \mathfrak{v}}{\partial t} + (\mathfrak{v} \nabla) \cdot \mathfrak{v} \quad \ldots \ldots \ldots 3a$$

wobei das Zeichen ∇ einen Differentialoperator vorstellt, dessen Bedeutung aus den analytischen Gleichungen 3 hervorgeht.

Wir brauchen jetzt nur noch die auf das Massenteilchen wirkenden Kräfte zu bestimmen, um die dynamische Grundgleichung für unsere Zwecke anschreiben zu können.

Von außen her wirkt auf das Teilchen in der Regel nur sein Gewicht, ganz allgemein mögen aber die 3 Komponenten der auf die Volumeneinheit bezogenen äußeren resultierenden Kraft R mit X, Y, Z bezeichnet werden, so daß in Richtung der x-Achse auf das Massenteilchen die Kraftkomponente wirkt: $X \cdot \delta x \delta y \delta z$. Ferner wirkt auf die Grenzflächen des Massenteilchens der innere Druck der umgebenden Flüssigkeit.

In der reibungslosen Flüssigkeit steht der Druck stets senkrecht auf jeder Schnittfläche. Der Druck p pro Flächeneinheit in einem Punkte P der Flüssigkeit mit den Koordinaten x, y, z (siehe Abb. 3) ist also eine von der Richtung unabhängige Größe. Er erhält erst eine Richtung durch die dort senkrecht zu den Koordinatenachsen orientierten Flächen unseres Rechtkantes.

Lassen wir nach den Einzeichnungen in Abb. 3 den Flüssigkeitsdruck p anwachsen, wenn wir in der positiven Richtung der Koordinatenachsen weitergehen, so ergibt sich der Druckunterschied pro Flächeneinheit auf die beiden zur x-Achse senkrecht stehenden Seitenflächen des Rechtkantes zu:

$$p - \left(p + \frac{\partial p}{\partial x}\,\delta x\right) = -\frac{\partial p}{\partial x}\,\delta x.$$

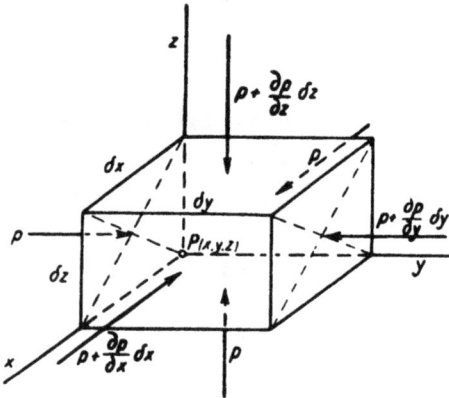

Abb. 3.

Die durch den Flüssigkeitsdruck in Richtung der x-Achse auf das Rechtkant ausgeübte Kraft erhalten wir durch Multiplikation dieses Druckunterschiedes mit der zugehörigen Seitenfläche zu:

$$-\frac{\partial p}{\partial x}\,\delta x\,\delta y\,\delta z.$$

Die Addition der äußeren Kraftkomponente zu der durch den Flüssigkeitsdruck hervorgerufenen Kraft liefert uns die gesamte in Richtung der x-Achse wirkende Kraft. Wir erhalten dafür:

$$dP_1 = X \cdot \delta x\,\delta y\,\delta z - \frac{\partial p}{\partial x}\,\delta x\,\delta y\,\delta z.$$

Diese Kraft bringt die Beschleunigung $\frac{dv_1}{dt}$ der unendlich kleinen Masse des Rechtkantes

$$dm = \frac{\gamma}{g}\,\delta x\,\delta y\,\delta z$$

hervor.

Für die dynamische Grundgleichung in Richtung der x-Achse:

$$dP_1 = dm \cdot \frac{dv_1}{dt}$$

erhalten wir nach Einsetzen der dafür gefundenen Ausdrücke:

$$\left(X - \frac{\partial p}{\partial x}\right) = \frac{\gamma}{g} \cdot \frac{dv_1}{dt},$$

woraus sich nach weiterem Einsetzen des Ausdruckes für die Beschleunigungskomponente nach der ersten der Gleichungen 3 und analog für die Richtung der y- und z-Achse sofort die hydrodynamischen Grundgleichungen von Euler ergeben.

Wir erhalten dafür:

$$\left.\begin{aligned}
X - \frac{\partial p}{\partial x} &= \frac{\gamma}{g}\left(\frac{\partial v_1}{\partial t} + v_1\frac{\partial v_1}{\partial x} + v_2\frac{\partial v_1}{\partial y} + v_3\frac{\partial v_1}{dz}\right) \\
Y - \frac{\partial p}{\partial y} &= \frac{\gamma}{g}\left(\frac{\partial v_2}{\partial t} + v_1\frac{\partial v_2}{\partial x} + v_2\frac{\partial v_2}{\partial y} + v_3\frac{\partial v_2}{dz}\right) \\
Z - \frac{\partial p}{\partial z} &= \frac{\gamma}{g}\left(\frac{\partial v_3}{\partial t} + v_1\frac{\partial v_3}{\partial x} + v_2\frac{\partial v_3}{\partial y} + v_3\frac{\partial v_3}{\partial z}\right)
\end{aligned}\right\} \quad \dots 4$$

In Vektorform:

$$\Re - \nabla p = \frac{\gamma}{g}\left[\frac{\partial \mathfrak{v}}{dt} + (\mathfrak{v}\nabla)\cdot\mathfrak{v}\right] \quad \dots\dots\dots 4a$$

wobei $\Re$ die Resultierende der äußeren Kraftkomponenten X, Y, Z bedeutet.

5. Die Grundgleichung der Hydrostatik.

Wir denken uns einen See, der sich in vollkommener Ruhe befinden möge. In einer Tiefe z unter dem Seespiegel ist nach der hydrostatischen Grundgleichung der Druck pro Flächeneinheit $p = \gamma z$, wobei γ das Gewicht pro Raumeinheit der Flüssigkeit bedeutet. Wählen wir den Ursprung eines Koordinatensystems auf der Oberfläche dieses Sees, und orientieren wir die z-Achse senkrecht, derart, daß ihre positive Richtung nach oben zeigt, so muß das gleiche Ergebnis auch aus den 3 Eulerschen Gleichungen 4 hervorgehen, auf Grund ihrer ganz allgemeinen Ableitung, wenn wir in ihnen setzen $v_1 = v_2 = v_3 = 0$.

Die Gleichungen 4 gehen dann über in:

$$X - \frac{\partial p}{\partial x} = 0; \quad Y - \frac{\partial p}{\partial y} = 0; \quad Z - \frac{\partial p}{\partial z} = 0 \quad \dots\dots 5$$

Da als äußere Kraft nur das auf die Volumeneinheit bezogene Gewicht γ der Flüssigkeit wirkt, so erhalten wir bei der senkrechten Orientierung der z-Achse für die Komponenten der äußeren Kraft:

$$X = 0; \quad Y = 0; \quad Z = -\gamma.$$

Das Gewicht wirkt entgegen der positiven Richtung der z-Achse, so daß wir γ mit negativem Vorzeichen einführen müssen. Aus den Gleichungen 5 wird damit:

$$\frac{\partial p}{\partial x} = 0; \quad \frac{\partial p}{\partial y} = 0; \quad \frac{\partial p}{\partial z} = -\gamma \quad \ldots \ldots 5a$$

Aus der letzten der Gl. 5a folgt: $dp = -\gamma dz$ oder nach Integration: $p = -\gamma z$.

Da nun z nach unserer Wahl des Koordinatensystems stets negativ sein muß, so ergibt sich für p der positive Wert $p = \gamma z$. Die Gleichungen von Euler liefern also in der Tat für den Fall völliger Ruhe die bekannte hydrostatische Grundgleichung.

Die Integrationskonstante bei der Integration der letzten der Gl. 5a verschwindet, welcher Umstand für die besondere Wahl des Koordinatenursprunges in der Oberfläche des Sees maßgebend war. Selbstverständlich ändert sich an dem Ergebnis nichts, wenn man diesen Punkt außerhalb der Oberfläche des Seespiegels wählt, d. h. nach den weiterhin getroffenen Annahmen, die mit dem Seespiegel zusammenfallende x-y-Ebene parallel zu diesem nach oben oder unten verschiebt.

6. Die Grenzbedingungen der Strömung.

Die Geschwindigkeit v der Strömung kann an der Oberfläche eines Störungskörpers oder an der äußeren Begrenzung des mit Flüssigkeit erfüllten Raumes stets nur tangential verlaufen, denn das Vorhandensein einer Normalkomponente würde besagen, daß Flüssigkeit in den festen und undurchdringlich gedachten Körper hinein- oder hinausströmt oder auch durch die festen und undurchdringlich gedachten äußeren Begrenzungsflächen Flüssigkeit den Raum verlassen oder in ihn eindringen kann. Derartige Möglichkeiten sind für unsere Zwecke ausgeschaltet. Da die Strömung von der Form des Störungskörpers und der Gestaltung der äußeren Grenzen bestimmt wird, so können die allgemein aufgestellten hydrodynamischen Gleichungen von Euler in Verbindung mit der ebenfalls von Euler herrührenden Kontinuitätsgleichung nicht hinreichen, um die Strömung vollständig zu bestimmen, sondern es muß notwendig eine weitere Bedingungsgleichung aufgestellt werden, die der Form des Störungskörpers und der Gestaltung der äußeren Grenzen Rechnung trägt. Diese Bedingungsgleichung ist rein geometrischer Natur.

Im unbegrenzten Medium, das für die praktischen Aufgaben der Aerodynamik im wesentlichen in Betracht kommt, brauchen wir uns wenig um die unendlich fernen Grenzen zu kümmern; und wir beschränken uns daher lediglich auf die Form des Störungskörpers.

Bezeichnen wir in einem Punkt (x, y, z) der Oberfläche des Körpers die Winkel, welche die Normale auf die Oberfläche in diesem Punkt mit den 3 Koordinatenachsen bildet, mit α, β, γ, so hat die Geschwindigkeitskomponente

v_1 eine Normalkomponente $v_1 \cos \alpha$,
v_2 „ „ $v_2 \cos \beta$,
v_3 „ „ $v_3 \cos \gamma$.

Wenn nun die resultierende Geschwindigkeit tangential gerichtet sein soll, dann muß die Summe aller Normalkomponenten verschwinden.

Also:

$$v_1 \cos \alpha + v_2 \cos \beta + v_3 \cos \gamma = 0 \quad \ldots \ldots \ldots 6$$

Ist die Oberfläche des in der Strömung stehenden Körpers gegeben durch die Funktion:

$$F(x, y, z) = 0$$

und setzen wir nach den Vorschriften der analytischen Geometrie zur Abkürzung den Differentialoperator

$$\sqrt{\left(\frac{\partial F}{\partial x}\right)^2 + \left(\frac{\partial F}{\partial y}\right)^2 + \left(\frac{\partial F}{\partial z}\right)^2} = Q,$$

so wird:

$$\cos \alpha = \frac{1}{Q} \cdot \frac{\partial F}{\partial x}; \quad \cos \beta = \frac{1}{Q} \cdot \frac{\partial F}{\partial y}; \quad \cos \gamma = \frac{1}{Q} \cdot \frac{\partial F}{\partial z}.$$

Setzen wir diese Werte in die Gl. 6 ein, dann ergibt sich:

$$v_1 \frac{\partial F}{\partial x} + v_2 \frac{\partial F}{\partial y} + v_3 \frac{\partial F}{\partial z} = 0 \quad \ldots \ldots \ldots 7$$

Die 3 hydrodynamischen Gleichungen von Euler in Verbindung mit der Kontinuitätsgleichung und der Grenzbedingungsgleichung 7 gestatten v_1, v_2, v_3 und p eindeutig zu bestimmen.

7. Vereinfachung der Gleichungen von Euler.

In der praktischen Aerodynamik haben wir es meist nur mit „stationären" Strömungen zu tun, d. h. die Geschwindigkeit in einem Punkte des Strömungsgebietes ändert sich nur von Ort zu Ort, bleibt aber an jedem Orte zeitlich unverändert.

In diesem Falle verschwinden in den Gl. 4 die partiellen Ableitungen der Geschwindigkeitskomponenten nach der Zeit.

Ferner spielt das Gewicht eines Flüssigkeitsteilchens bei unseren Betrachtungen kaum eine beachtenswerte Rolle, denn nach dem Auftriebsgesetz des Archimedes (200 v. Chr.), wonach jeder in eine Flüssigkeit eingetauchte Körper so viel von seinem Gewicht verliert, als der verdrängte Raum des Mediums wiegt, muß jedes in sein Medium eingehüllte Teilchen gerade schweben, d. h. sein Gewicht ist genau gleich seinem statischen Auftrieb. Da die äußeren Kräfte, die auf das Medium wirken, in unserem Falle nur Gewichtskräfte sein können, dürfen wir uns gestatten, die auf die Raumeinheit bezogenen äußeren Kraftkomponenten $X = Y = Z = 0$ zu setzen.

Die Gl. 4, die berühmten hydrodynamischen Grundgleichungen von Euler, schreiben sich dann in Rücksicht auf die getroffenen Vereinfachungen in der Form:

$$-\frac{\partial p}{\partial x} = \frac{\gamma}{g}\left(v_1 \frac{\partial v_1}{\partial x} + v_2 \frac{\partial v_1}{\partial y} + v_3 \frac{\partial v_1}{\partial z}\right)$$
$$-\frac{\partial p}{\partial y} = \frac{\gamma}{g}\left(v_1 \frac{\partial v_2}{\partial x} + v_2 \frac{\partial v_2}{\partial y} + v_3 \frac{\partial v_2}{\partial z}\right) \quad \ldots \ldots \, 8$$
$$-\frac{\partial p}{\partial z} = \frac{\gamma}{g}\left(v_1 \frac{\partial v_3}{\partial x} + v_2 \frac{\partial v_3}{\partial y} + v_3 \frac{\partial v_3}{\partial z}\right)$$

In Vektorform:

$$-\nabla p = \frac{\gamma}{g} \cdot \frac{dv}{dt} \quad \ldots \ldots \ldots \, 8a$$

Gl. 8a ist ein ausgesprochenes Beispiel für die Vorzüge, die die Vektorform bieten kann. Man erkennt aus ihr klar das Grundgesetz der Mechanik: Die Kraft ist gleich dem Produkte aus Masse und Beschleunigung. Aus den analytischen Gl. 8 oder 4 kann nicht mehr so leicht herausgefunden werden, welches der grundlegende Ansatz war, dem sie ihre Entstehung verdanken.

Das Zeichen ∇ in Gl. 8a bedeutet wieder eine Differentialoperation, in unserem Falle derart, daß der Druck p in Richtung der 3 Koordinatenachsen partiell differenziert wird.

An Stelle der Gl. 8a schreibt man in Vektorform auch:

$$-\operatorname{grad} p = \frac{\gamma}{g} \cdot \frac{dv}{dt} \quad \ldots \ldots \ldots \, 8b$$

„grad" ist gleich Abkürzung für Gradiente oder Druckgefälle.

Es ist:

$$\operatorname{grad} p = \nabla p = \left(\frac{\partial p}{\partial x}, \ \frac{\partial p}{\partial y}, \ \frac{\partial p}{\partial z}\right).$$

Die Gradiente ist als eine Kraft eine gerichtete Größe, im Gegensatz zur Divergenz.

8. Integration der Gleichungen von Euler.

Die Eulerschen Gleichungen sind im allgemeinen nicht integrierbar. Sie werden es aber sofort, wenn sich eine Funktion φ angeben läßt, für welche gilt:

$$\left.\begin{aligned} v_1 &= -\frac{\partial \varphi}{\partial x} \\ v_2 &= -\frac{\partial \varphi}{\partial y} \\ v_3 &= -\frac{\partial \varphi}{\partial z} \end{aligned}\right\} \quad \ldots\ldots\ldots 9$$

oder in Vektorform:

$$\mathfrak{v} = -\operatorname{grad}\varphi \ldots\ldots\ldots 9a$$

oder auch:

$$\mathfrak{v} = -\nabla\varphi \ldots\ldots\ldots 9b$$

dabei ist

$$v = \sqrt{v_1^2 + v_2^2 + v_3^2}.$$

Diese Funktion φ heißt man das **Geschwindigkeitspotential der Strömung**, wegen der vollkommenen Ähnlichkeit mit dem Kräftepotential in der Theorie der Kraftfelder. Dort werden die Komponenten P_1, P_2, P_3 der Feldkraft von einem „Potentiale" V abgeleitet durch die Gleichungen:

$$P_1 = -\frac{\partial V}{\partial x}; \quad P_2 = -\frac{\partial V}{\partial y}; \quad P_3 = -\frac{\partial V}{\partial z}$$

oder $\qquad \mathfrak{P} = -\operatorname{grad}V,$

wobei wieder

$$P = \sqrt{P_1^2 + P_2^2 + P_3^2}.$$

Bei der negativen Wahl des Vorzeichens kann hier V als das Maß der potentiellen Energie des Feldes an der betreffenden Stelle gedeutet werden, daher die abkürzende Bezeichnung „Potential". In unseren Gl. 9 könnten wir ebensogut ein positives Vorzeichen wählen, da die physikalische Bedeutung des Geschwindigkeitspotentials durch die Wahl des Vorzeichens weiter nicht berührt wird.

Eine Strömung, die ein solches Geschwindigkeitspotential besitzt, heißt eine „Potentialströmung".

Führen wir das Geschwindigkeitspotential φ in die Kontinuitätsgleichung 2 ein, so geht diese über in:

$$\frac{\partial^2 \varphi}{\partial x^2} + \frac{\partial^2 \varphi}{\partial y^2} + \frac{\partial^2 x}{\partial z^2} = 0 \quad \dots \dots \dots \text{2b}$$

in Vektorform:

$$\nabla^2 \varphi = 0 \quad \dots \dots \dots \dots \text{2c}$$

wobei das Zeichen ∇^2 eine 2malige Raumdifferentiation der Funktion φ vorschreibt.

Differentieren wir die 1. der Gl. 9) nach y und die 2. nach x, so wird:

$$\frac{\partial v_1}{\partial y} = -\frac{\partial^2 \varphi}{\partial x \, \partial y} \quad \text{und} \quad \frac{\partial v_2}{\partial x} = -\frac{\partial^2 \varphi}{\partial y \, \partial x}.$$

Führen wir diese Operation analog für die übrigen Paare der Gl. 9 durch, so ergeben sich die Beziehungen:

$$
\left.
\begin{aligned}
\frac{\partial v_1}{\partial y} &= \frac{\partial v_2}{\partial x} \\[4pt]
\frac{\partial v_2}{\partial z} &= \frac{\partial v_3}{\partial y} \\[4pt]
\frac{\partial v_3}{\partial x} &= \frac{\partial v_1}{\partial z}
\end{aligned}
\right\}
\quad \text{oder auch:} \quad
\left.
\begin{aligned}
\frac{\partial v_2}{\partial x} - \frac{\partial v_1}{\partial y} &= 0 \\[4pt]
\frac{\partial v_1}{\partial z} - \frac{\partial v_3}{\partial x} &= 0 \\[4pt]
\frac{\partial v_3}{\partial y} - \frac{\partial v_2}{\partial z} &= 0
\end{aligned}
\right\}
\quad \dots \dots \; 10
$$

Führen wir diese Beziehungen in die Gl. 8 entsprechend ein, so gehen diese über in:

$$-\frac{\partial p}{\partial x} = \frac{\gamma}{g}\left(v_1 \frac{\partial v_1}{\partial x} + v_2 \frac{\partial v_2}{\partial x} + v_3 \frac{\partial v_3}{\partial x}\right),$$

$$-\frac{\partial p}{\partial y} = \frac{\gamma}{g}\left(v_1 \frac{\partial v_1}{\partial y} + v_2 \frac{\partial v_2}{\partial y} + v_3 \frac{\partial v_3}{\partial y}\right),$$

$$-\frac{\partial p}{\partial z} = \frac{\gamma}{g}\left(v_1 \frac{\partial v_1}{\partial z} + v_2 \frac{\partial v_2}{\partial z} + v_3 \frac{\partial v_3}{\partial z}\right).$$

Jetzt haben wir in der 1. Gl. nur noch Differentialquotienten nach x, in der 2. nur noch solche nach y und in der 3. nur noch solche nach z. Nach Weghebung der gemeinsamen Quotienten ∂x, ∂y, ∂z wird aus allen 3 Gleichungen:

$$\frac{\gamma}{g}\left(v_1 \partial v_1 + v_2 \partial v_2 + v_3 \partial v_3\right) = -\partial p$$

und nach Integration:

$$\frac{\gamma}{g}\left(\frac{v_1^2}{2} + \frac{v_2^2}{2} + \frac{v_3^2}{2}\right) = -p + C$$

und da $v^2 = v_1^2 + v_2^2 + v_3^2$, ergibt sich schließlich:

$$\frac{\gamma}{2g} v^2 + p = C = \text{Konstant} \quad \ldots \ldots \ldots 11$$

Die Integration aller 3 Gleichungen liefert demnach ein und dasselbe Resultat. Gl. 11 heißt die Bernoullische Gleichung. Sie stellt die Fundamentalgleichung der Hydrodynamik dar. p heißt der statische Druck in irgend einem Punkte des mit strömender Flüssigkeit erfüllten Raumes in kg/m². $\frac{\gamma}{2g} v^2$ heißt der dynamische Druck oder der Staudruck an derselben Stelle, da er durch die Strömung hervorgerufen wird. $\frac{\gamma}{2g} v^2$ hat natürlich auch die Dimension eines Druckes pro Flächeneinheit, denn es ist:

$$\frac{\frac{\text{kg}}{\text{m}^3}}{\frac{\text{m}}{\text{s}^2}} \cdot \frac{\text{m}^2}{\text{s}^2} = \frac{\text{kg}}{\text{m}^2} ;$$

In Worten lautet daher die Gleichung von Bernoulli: **Die Summe aus dem statischen und dem dynamischen Druck ist überall konstant.**

Ihrer Wichtigkeit entsprechend, sei die Gl. 11 auch noch auf elementarem Wege abgeleitet.

Denken wir uns eine Rohrleitung mit veränderlichem Querschnitt, die vollkommen mit strömender, unzusammendrückbarer Flüssigkeit erfüllt ist. Diese Rohrleitung denken wir uns an 2 beliebigen Stellen durchschnitten, und nun wollen wir die Vorgänge in diesem herausgeschnittenen Teil näher betrachten.

Nach Abb. 4 sei der Flüssigkeitsdruck im oberen Querschnitte df gegeben durch p, die Strömungsgeschwin-

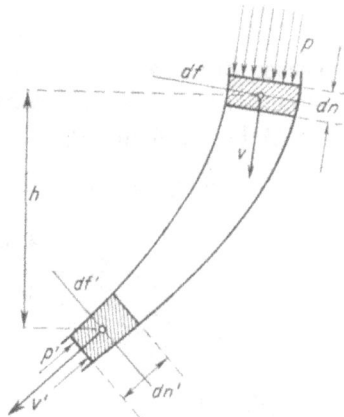

Abb. 4.

digkeit durch v. Im unteren engeren Querschnitte df' seien die entsprechenden Größen p' und v'. Wir wählen den Querschnitt der Röhre sehr klein, strenggenommen unendlich klein, da andererseits die Strömungsgeschwindigkeiten v und v' sowie die Drucke p und p' nicht als konstant über die Querschnitte verteilt angenommen werden könnten.

2*

Die Wege, die die Querschnitte df und df' in der Zeit dt zurücklegen, seien mit dn und dn' bezeichnet.

Wir setzen nun auf den Vorgang eine Arbeitsgleichung an. Die Arbeit der Druckkräfte $p \cdot df$ oben ist $pdf \cdot dn$. Beim Ausflußquerschnitt ist zu überwinden der Widerstand der Druckkräfte $p'df'$ auf der Wegstrecke dn'. Daher die Arbeit gleich $- p'df'dn'$. Dazu kommt noch die Arbeit der Schwere. Wegen der Unzusammendrückbarkeit des Mediums müssen die in der Abbildung schraffierten Flüssigkeitsteilchen den gleichen Rauminhalt haben, da in der Zeit dt ebensoviel ausströmen muß als oben zufließt. Es ist also $df \cdot dn = df'dn'$. Die von der Schwere geleistete Arbeit ist daher $\gamma df dn \cdot h$, denn der Vorgang kommt darauf hinaus, als ob in der Zeit dt ein Flüssigkeitsteilchen vom Gewicht $\gamma df dn$ um die Höhe h herabsinkt.

Wenn, wie in Abb. 4 gezeichnet, $v' > v$ wegen der Verengerung des Querschnittes, dann hat dieses Flüssigkeitsteilchen von der Masse $\dfrac{\gamma}{g} df \cdot dn$ während des Durchflusses durch die Röhre einen Zuwachs an lebendiger Kraft erfahren von der Größe:

$$\cdot \frac{\gamma}{g} df dn \left(\frac{v'^2 - v^2}{2}\right).$$

Dieser Zuwachs wird bewirkt durch den Überschuß der positiven Arbeiten der äußeren Kräfte über die negativen. Wir erhalten daher die Arbeitsgleichung:

$$p \cdot df dn - p'df'dn' + \gamma df dn h = \frac{\gamma}{2g} df \cdot dn \,(v'^2 - v^2).$$

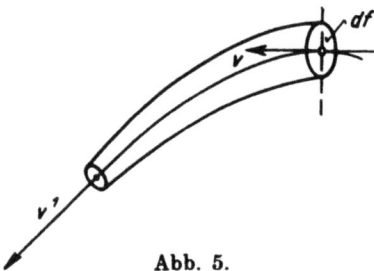

Abb. 5.

Da nun wegen der Unzusammendrückbarkeit $df dn = df'dn'$, vereinfacht sich die Gleichung auf:

$$p' + \frac{\gamma}{2g} v'^2 = p + \frac{\gamma}{2g} v^2 + \gamma h.$$

Wir können uns nun auch im unbegrenzten, mit strömender Flüssigkeit erfüllten Raum solche „Stromröhren" konstruieren, indem wir in einem Punkte einer „Stromlinie" senkrecht zu dieser eine beliebig gestaltete, sehr kleine ebene Fläche df aufsetzen und nun durch die sämtlichen Umfangspunkte dieser kleinen Fläche die zugehörigen Stromlinien ziehen (siehe Abb. 5). Die Gesamtheit dieser Stromlinien bildet die gedachte Oberfläche einer „Stromröhre", deren flüssiger Inhalt als „Stromfaden" bezeichnet wird. Die Flüssigkeit strömt in einer solchen gedachten Stromröhre genau so, als ob sie von festen Wänden begrenzt wäre.

Im unbegrenzten Medium ist aber das Gewicht durch den statischen Auftrieb aufgehoben, daher für diesen Fall in unserer Gleichung $\gamma h = 0$ zu setzen. Wir erhalten dann:

$$p + \frac{\gamma}{2g} v^2 = p' + \frac{\gamma}{2g} v'^2 = \cdots = \text{Konst.} \quad \ldots \ldots \text{11a}$$

worin wir die allgemein abgeleitete Gl. 11 wieder erkennen. Da wir unsere Rechnung für beliebige Querschnitte durch die Röhre

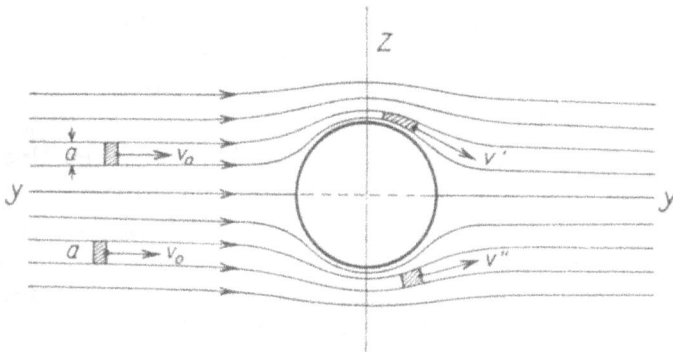

Abb. 6.

wiederholen können, so folgt der Bernoullische Satz, daß die Summe aus statischem und dynamischem Drucke an jeder Stelle der Stromröhre gleich groß ist.

Nun gilt der eben vorgeführte elementare Beweis des Satzes jedoch nur für Punkte ein und desselben Stromfadens, während die Gl. 11, wie sie sich aus der allgemeinen Integration der Eulerschen Gleichungen ergibt, darüber hinaus aussagt, daß im unbegrenzten Medium dieser Satz für alle Punkte des Raumes gilt, gleichgültig, ob sie ein und demselben Stromfaden angehören oder nicht. Diese allgemeine Gültigkeit des Satzes ist auch sehr einleuchtend.

Betrachten wir z. B. die Störung einer Parallelströmung, die parallel der y-Achse mit der Geschwindigkeit v_0 bei einem statischen Drucke p_0 vor sich geht, durch einen unendlich langen Kreiszylinder, dessen Achse mit der x-Achse unseres Koordinatensystems zusammenfallen möge. Die ursprünglich alle in gleichen

Abständen parallel zur *y*-Achse verlaufenden Stromlinien werden durch den zylindrischen Störungskörper in einer idealen Flüssigkeit ungefähr in der in Abb. 6 gezeichneten Weise abgelenkt. Das Strömungsbild ist hier selbstverständlich in allen Ebenen parallel zur *y-z*-Ebene das gleiche. Wir haben es hier mit einer zweidimensionalen oder ebenen Strömung zu tun, im Gegensatz zur allgemeinen dreidimensionalen Strömung, die stets vorliegt, wenn der Körper allseitig endlich begrenzt ist.

Legen wir durch den Raum Ebenen parallel zur *y-z*-Ebene, die alle den Abstand 1 voneinander haben sollen, so haben wir den Raum in lauter Stromröhren von rechteckigem Querschnitt eingeteilt. Abb. 7 zeigt den Zylinder mit einer Anzahl von Stromröhren in einer sehr anschaulichen Darstellung nach Ackeret. Je

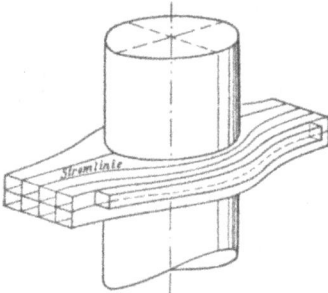

Abb. 7.

4 Stromlinien bilden immer die Kanten eines Stromröhrenprismas, das durch den Zylinder symmetrisch abgebogen wird und nach beiden Seiten ins Unendliche verläuft. In genügendem Abstande, strenggenommen freilich erst in unendlich großer Entfernung vom Zylinder, werden alle Stromlinien und damit auch die ihre Oberfläche bildenden Stromröhren wieder genau so verlaufen wie in der ungestörten Parallelströmung. In Richtung der *z*-Achse verflachen sich die Stromlinien mehr und mehr mit zunehmendem *z*, bis sie schließlich in sehr großen Entfernungen wieder im ursprünglichen gleichen Abstande voneinander parallel der *y*-Achse ziehen. Praktisch macht sich die Störung gar nicht so weithin bemerkbar, so daß wir in einigem Abstande von dem Störungskörper wieder mit der ursprünglichen ungestörten Parallelströmung rechnen können.

Es ist klar, daß die Querschnitte der Stromröhren sich mehr und mehr verengern werden, je näher sie an die *z*-Achse heranrücken, da der vorher freie Raum durch den Zylinder immer mehr und mehr versperrt wird. Die Strömungsgeschwindigkeit wird also gegenüber der ungestörten Parallelströmung v_0 ein Maximum werden, wenn ein Flüssigkeitsteilchen gerade die *z*-Achse passiert. Wegen der Unzusammendrückbarkeit des Mediums muß in der Zeit dt durch jeden Querschnitt ein und derselben Stromröhre stets das gleiche Flüssigkeitsvolumen hindurchströmen.

Wählen wir nun nach Abb. 6 in 2 verschiedenen Stromröhren
je 2 Querschnitte aus, von denen der eine in der Nähe des Störungskörpers beliebig ausgesucht werden kann, während der andere so
weit entfernt sein möge, daß wir keine merkliche Störung des
Druckes p_0 und der Geschwindigkeit v_0 der ursprünglichen Prallel-
strömung mehr zu befürchten haben, dann gilt für die Querschnitte
der einen Stromröhre, mit den Stromlinienabständen a und a',
wobei a hinreichend genau dem Abstande der Stromlinien der
Parallelströmung entspricht, nach der elementaren Ableitung der
Bernoullischen Gleichung:

$$p_0 + \frac{\gamma}{2g} v_0^2 = p' + \frac{\gamma}{2g} v'^2 = \text{Konstant}$$

für alle Querschnitte dieser ersten Stromröhre.

Für die andere Stromlinie mit den Querschnitten a und a'' gilt
entsprechend:

$$p_0 + \frac{\gamma}{2g} v_0^2 = p'' + \frac{\gamma}{2g} v''^2 = \text{Konstant}$$

für alle Querschnitte der zweiten Stromröhre.

Sind zwei Größen einer dritten gleich, dann sind sie unter sich
gleich, womit die allgemeine Gültigkeit des Satzes von Bernoulli
für beliebige Querschnitte verschiedener Stromröhren bewiesen ist,
wie dies aus der allgemeinen Integration der Eulerschen Gleichung
in Gestalt der Gl. 11 sich uns bereits offenbarte. Dieser mechanische
Beweis ist aber natürlich bedeutend anschaulicher als der aus den
allgemeinen mathematischen Ansätzen hervorgegangene. Es hindert natürlich nichts, sich die dem Körper ferneren Querschnitte
der beiden beliebig gewählten Stromröhren so weit ins Unendliche
hinaus verlegt zu denken, daß ihr Stromlinienabstand a, der dort
herrschende statische Druck p_0 und die Strömungsgeschwindigkeit v_0
genau den Verhältnissen der ursprünglichen, ungestörten Parallelströmung entsprechen.

Da wir den Abstand der zur y-z-Ebene parallelen Ebenen, die
die rechteckigen Stromröhrenquerschnitte begrenzen sollen, gleich
der Längeneinheit gewählt haben, so bedeutet der senkrechte Abstand a, a', a'' verschiedener Stromlinien der Abb. 6 gleichzeitig
den Querschnitt der Stromröhre. Da für ein und dieselbe Stromlinie das pro Zeiteinheit durch verschiedene Querschnitte strömende Volumen stets konstant sein muß, so folgt aus den bisherigen
Betrachtungen, daß diese Beziehung auch für beliebige Querschnitte

zweier verschiedener Stromröhren gilt. Es ist also auch

$$a'v' = a''v'' = \cdots = \text{konst.}$$

im ganzen Raume.

Wir haben nicht nur die Geschwindigkeit v_0, sondern auch den Druck p_0 der ungestörten Parallelströmung im ganzen Raume als konstant angenommen. Ein überall konstanter Druck ist freilich praktisch nicht möglich, da der statische Druck im Wasser und in der Luft mit zunehmender Tiefe des Meeres wächst. Dieser Umstand spielt für unsere Betrachtungen jedoch keine wesentliche Rolle, da die Höhenausdehnung selbst der größten in Zukunft zu erwartenden Luftschiffkörper, Flugzeuge oder Unterseeschiffe sich immerhin innerhalb von Grenzen halten wird, die es uns gestatten, mit einem mittleren statischen Druck zu arbeiten, den wir mit genügender Genauigkeit innerhalb des unmittelbaren Höhengebietes unseres Störungskörpers als konstant betrachten können.

9. Begriff der Grenzgeschwindigkeit.

Wird in Gl. 11 an irgend einer Stelle des Stromgebietes $\frac{\gamma}{2g} v^2 > C$,

also größer als die den gesamten Raum beherrschende Stromkonstante, dann wird der statische Druck p negativ, d. h. die Strömung reißt vom Körper ab, es bildet sich ein Vakuum. Diese Erscheinung kann man bei Propellern der Seeschiffe beobachten. Man spricht dann von „Kavitation" (Hohlraumbildung).

In einer unzusammendrückbaren, allseitig durch feste Grenzen eingeschlossenen Flüssigkeit ist diese Erscheinung, d. h. die Ausbildung eines leeren Raumes, einer Lücke, freilich unmöglich, auch wenn die festen Grenzen unendlich weit entfernt sind, denn die Flüssigkeitsmasse, die vorher die Lücke ausgefüllt hat, kann ja an keiner Stelle den abgegrenzten Raum verlassen. Es kann daher nirgends eine Lücke entstehen, wie schnell auch ein fester Körper sich durch die Flüssigkeit bewegen oder wie schnell auch die Flüssigkeit gegen den in der Strömung festgehaltenen Körper anlaufen möge. Ein eventuell dabei auftretender negativer Druck ist ohne weiteres möglich.

Eine Kavitationserscheinung im unzusammendrückbaren Wasser, bei Propellern oder auch bei Unterseebooten ist nur deshalb möglich, weil in diesen Fällen das Medium nach obenhin mangels einer festen Begrenzung ausweichen kann. Unter einer festen Begrenzung verstehe ich natürlich auch gleichzeitig eine für die Flüssigkeit undurchlässige Begrenzung.

In der kompressiblen Luft freilich bilden sich bei Überschreitung bestimmter Geschwindigkeiten seitwärts und hinter den bewegten Körpern leere Räume aus, z. B. hinter Geschossen.

Dafür entstehen aber vor dem bewegten Projektil Kompressionswellen, die an anderer Stelle einen leeren Raum gestatten. Wie schon früher bemerkt, haben wir derartige Geschwindigkeiten in absehbarer Zeit bei unseren Luftfahrzeugen noch nicht zu erwarten und können, wie noch zu zeigen sein wird, auch die Luft für andere Zwecke als unzusammendrückbar betrachten, d. h. der Begriff der Grenzgeschwindigkeit und das damit verbundene Verschwinden eines positiven statischen Flüssigkeitsdruckes spielt für uns keine Rolle von Bedeutung.

10. Luft als inkompressible Flüssigkeit.

Eine stationäre unbegrenzte Parallelströmung besitze die Geschwindigkeit v_0 bei einem statischen Drucke p_0. Die Stromkonstante $C = p_0 + \dfrac{\gamma}{2g} v_0^2$ setzt sich in diesem einfachsten Strömungsfalle in allen Punkten des Raumes aus denselben Summanden zusammen.

Nun denken wir uns die Strömung durch einen Körper gestört, etwa durch den in Abb. 6 eingezeichneten Zylinder oder durch eine Kugel oder durch einen irgendwie gestalteten Körper.

In dem nun je nach der Form des Körpers umgewandelten Strömungsbilde hat sich jetzt die Geschwindigkeit und der Druck in allen Punkten des Raumes geändert, nur in unendlich großem Abstande von dem Störungskörper herrscht noch die Geschwindigkeit v_0 und der Druck p_0 der ursprünglichen Parallelströmung. Bezeichnen wir in irgend einem Punkte in der Nähe des Körpers die Geschwindigkeit mit v und den zugehörigen Druck mit p, dann ist nach G. 11 oder 11a auch:

$$p + \frac{\gamma}{2g} v^2 = C = \text{Konstant}$$

oder

$$p + \frac{\gamma}{2g} v^2 = p_0 + \frac{\gamma}{2g} v_0^2,$$

da die ursprüngliche Stromkonstante C auch nach der Störung nirgends eine Änderung erleidet. Es ändern sich nur die beiden

Summanden von Ort zu Ort, ihre Summe bleibt nach der Bernoulli-schen Gleichung überall dieselbe.

Der Druck wird daher an derjenigen Stelle am größten werden, an der die Strömungsgeschwindigkeit zu Null wird, denn es verschwindet dann der 2. Summand der Gleichung

$$p + \frac{\gamma}{2g} \cdot v^2 = C,$$

womit p den Wert der Konstanten C selbst erreicht. In Abb. 6 ist dies offenbar der Punkt, in dem die mittlere durch die y-Achse dargestellte Stromlinie senkrecht auf den Zylindermantel oder auf eine Kugel auftrifft.

Wir erhalten somit für $v = 0$:

$$p_{max} = C = p_0 + \frac{\gamma}{2g} v_0^2,$$

wobei γ das Gewicht von 1 cbm atmosphärischer Luft in der ungestörten Parallelströmung bedeutet.

Da bei überall konstanter Temperatur nach dem Gesetze von Mariotte das Gewicht der Raumeinheit eines vollkommenen Gases, wie die Luft es darstellt, proportional dem Drucke ist, so wird γ in der Parallelströmung wegen des im ganzen Raume konstant angenommenen Druckes p_0 überall gleich groß sein müssen. Dies ändert sich aber sofort in der gestörten Strömung, da der Druck an allen Stellen, außer im Unendlichen, ein anderer wird. Entsprechend diesen Druckänderungen erfolgt eine Kompression oder Expansion der Luftmassen, und es fragt sich, ob die dadurch veranlaßten Änderungen des Gewichtes der Raumeinheit sich innerhalb von Grenzen halten, die uns gestatten, mit noch hinreichender Genauigkeit die atmosphärische Luft für unsere Zwecke als unzusammendrückbare Flüssigkeit zu betrachten.

Der Druck p_0 in der ungestörten Strömung in der Nähe der Erdoberfläche betrage 1 Atm. = 10333 mm Wassersäule = 10333 kg pro m², die Strömungsgeschwindigkeit sei $v_0 = 100$ m pro Sekunde.

Bei einer Temperatur von $10°$ C ist bei diesem Drucke das Gewicht von 1 cbm Luft = 1,225 kg pro m³, die Masse von 1 cbm daher $\frac{\gamma}{g} = \frac{1,225}{9,81} = \frac{1}{8}$; der Staudruck wird dann:

$$\frac{\gamma}{2g} v_0^2 = \frac{1}{16} \cdot 100^2 = 625 \text{ kg/m}^2.$$

Der größte Druck ergibt sich aus unserer letzten Gleichung zu:

$$p_{max} = p_0 + \frac{\gamma}{2g} v_0^2 = 10\,333 + 625 = 10\,958 \text{ kg/m}^2.$$

Dieser letztere Wert repräsentiert die Stromkonstante C, also die in jedem Punkte konstante Summe aus dem statischen und dynamischen Druck an der betrachteten Stelle.

Wir können nun wohl annehmen, daß die Temperatur der Luft auch in der gestörten Strömung überall die gleiche bleibt, denn es ist kaum zu erwarten, daß etwa ein am Kopfende eines Luftschiffes sich aufhaltender Passagier an dieser Stelle des höchsten Staudruckes und daher maximaler Kompression der Luftmasse eine merklich höhere Temperatur feststellen wird als an einer anderen Stelle des Luftschiffkörpers. Wir setzen daher vollkommenen Temperaturausgleich voraus, d. h. isothermische Zustandsänderung, womit das Mariottesche Gesetz zur Geltung kommt. Danach wird:

$$\frac{p_0}{p_{max}} = \frac{\gamma}{\gamma_{max}},$$

$$\gamma_{max} = \gamma \frac{p_{max}}{p_0} = 1{,}225 \frac{10\,958}{10\,333} = 1{,}3 \text{ kg/m}^3 = 1300 \text{ g/m}^3.$$

Der Gewichtsunterschied von 1 cbm atm. Luft in der Mitte des Kopfes eines mit 100 m pro Sek. = 360 km pro St. fahrenden Luftschiffes gegenüber der ungestörten Strömung beträgt sonach $1300 - 1225 = 75$ g.

Der Fehler, den wir begehen, wenn wir die atm. Luft bei dieser Geschwindigkeit als unzusammendrückbar annehmen, ergibt sich dann in Prozenten zu: $\frac{75 \cdot 100}{1225} = 6{,}1\%$. Man kann nun im Zweifel sein, ob bei dieser hohen Geschwindigkeit die Annahme eines vollständigen Temperaturausgleichs noch zulässig ist. Nehmen wir das Gegenteil an, also vollständig adiabatische Zustandsänderung, dann gestalten sich die Verhältnisse für uns günstiger, da die infolge der Kompression erwärmte Luft sich auszudehnen strebt, während sie an Stellen mit Unterdruck, d. h. an Orten mit Geschwindigkeiten $> v_0$ sich infolge der Expansion abkühlt und zusammenzieht. Dadurch wird einigermaßen ein Ausgleich zwischen dem zu- oder abnehmenden Luftgewichte im Sinne einer Annäherung an das konstante Gewicht γ der ungestörten Strömung angebahnt.

Wiederholen wir unsere Rechnung für den Grenzfall einer adiabatischen Zustandsänderung, was keine Schwierigkeiten bietet, so ergibt sich der Fehler nur noch zu 4,5%. Im Mittel erhalten wir daher ca. 5%.

Wir sehen daher, daß wir für Geschwindigkeiten bis zu 100 m pro Sek. unbesorgt die atm. Luft als unzusammendrückbares Medium ansehen können, so daß die für inkompressible Flüssigkeiten abgeleiteten Gleichungen der Hydrodynamik ohne weiteres auch für die Strömungsvorgänge in der Atmosphäre maßgebend sind.

Bei 200 m pro Sek. beträgt der Fehler bereits 15%. Es sind dies Geschwindigkeiten, wie sie bei Luftschrauben auftreten und auch noch erheblich überschritten werden.

11. Die Potentialströmung um die Kugel.

Es soll nun an einem einfachen Beispiel gezeigt werden, wie die bis jetzt abgeleiteten hydrodynamischen Gleichungen anzuwenden sind. Eine unbegrenzte stationäre Parallelströmung besitze eine Geschwindigkeit v_0 in der Richtung der positiven z-Achse bei einem statischen Drucke p_0. Die Strömung werde durch eine Kugel gestört, deren Mittelpunkt wir zum Ursprung eines rechtsgängigen Koordinatensystems wählen (siehe Abb. 8). Der Radius der Kugel sei mit R, der Abstand irgend eines Punktes im Strömungsfeld

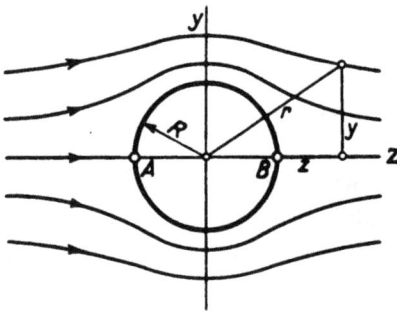

Abb. 8.

mit den Koordinaten x, y, z vom Pole mit r bezeichnet. Es ist dann

$$r = \sqrt{x^2 + y^2 + z^2}.$$

Um nun das Strömungsfeld in allen Punkten des Raumes nach Größe und Richtung der dort herrschenden Geschwindigkeit bestimmen zu können, ist nach den Gl. 9 eine Funktion φ anzugeben, die wir Geschwindigkeitspotential genannt haben. Diese Funktion muß natürlich allen geometrischen Bedingungen der gestellten Aufgabe genügen. Zunächst muß in unendlicher Entfernung von der Kugel wieder die ungestörte Parallelströmung vorliegen, d. h. es muß dort überall sein:

$$v_1 = 0; \quad v_2 = 0; \quad v_3 = v_0 \ldots \ldots \ldots I$$

Die Gleichung der Kugeloberfläche ist: $F = x^2 + y^2 + z^2 - R^2 = 0$.

Daraus ergeben sich die partiellen Differentialquotienten:

$$\frac{\partial F}{\partial x} = 2\,x; \quad \frac{\partial F}{\partial y} = 2\,y; \quad \frac{\partial F}{\partial z} = 2\,z;$$

und damit folgt aus der Grenzbedingungsgleichung 7

$$v_1 \frac{\partial F}{\partial x} + v_2 \frac{\partial F}{\partial y} + v_3 \frac{\partial F}{\partial z} = 0 \ \ldots \ldots \ldots 7$$

für unseren Fall:

$$v_1\,x + v_2\,y + v_3 \cdot z = 0 \ \ldots \ldots \ldots \text{II}$$

Gl. I können wir die äußere, Gl. II die innere Grenzbedingung nennen.

Schließlich muß die Potentialfunktion φ als Bedingungsgleichung noch die Kontinuitätsgleichung 2 erfüllen. Es muß also sein:

$$\frac{\partial v_1}{\partial x} + \frac{\partial v_2}{\partial y} + \frac{\partial v_3}{\partial z} = 0 \ \ldots \ldots 2 \ldots \text{III}$$

Eine Potentialfunktion φ, welche diesen 3 Bedingungen genügt, hat D i r i c h l e t angegeben. Sie lautet:

$$\varphi = -\,v_0 z \left(1 + \frac{R^3}{2\,r^3}\right).$$

Wir können uns nun leicht überzeugen, daß dies tatsächlich der Fall ist.

Nach den Gl. 9

$$v_1 = -\frac{\partial \varphi}{\partial x}; \quad v_2 = -\frac{\partial \varphi}{\partial y}; \quad v_3 = -\frac{\partial \varphi}{\partial z}$$

gewinnen wir die Geschwindigkeitskomponenten v_1, v_2, v_3 durch partielle Differentiation des D i r i c h l e t schen Potentials nach x, y, z. Wir bestimmen zunächst aus:

$$r = \sqrt{x^2 + y^2 + z^2},$$

$$\frac{\partial r}{\partial x} = \frac{x}{r}; \quad \frac{\partial r}{\partial y} = \frac{y}{r}; \quad \frac{\partial r}{\partial z} = \frac{z}{r}$$

Unter Berücksichtigung dieser 3 Differentialquotienten folgt:

$$v_1 = -\frac{3}{2} \cdot \frac{R^3}{r^5}\,v_0\,x\,z,$$

$$\ldots \ldots v_2 = -\frac{3}{2} \cdot \frac{R^3}{r^5}\,v_0\,y\,z,$$

$$v_3 = -\frac{3}{2} \cdot \frac{R^3}{r^5}\,v_0\,z^2 + v_0\left(1 + \frac{R^3}{2\,r^3}\right).$$

Diese Gleichungen liefern für $r = \infty$ ohne weiteres $v_1 = 0$; $v_2 = 0$; $v_3 = v_0$; so daß die Bedingungen I erfüllt sind.

Zur Prüfung der II. Bedingung, auch Oberflächenbedingung genannt, haben wir in den Gleichungen für v_1, v_2, v_3 nur $r = R$ zu setzen und erhalten dann sofort, wenn wir beachten, daß $x^2 + y^2 + z^2 = R^2$ wird:

$$v_1 x + v_2 y + v_3 z = 0,$$

wie dies Bedingungsgleichung II erfordert.

Zur Prüfung der Kontinuitätsgleichung bilden wir:

$$\frac{\partial v_1}{\partial x} = v_0 z \cdot \frac{3\,R^3}{2\,r^5}\left(\frac{5\,x^2}{r^2} - 1\right),$$

$$\frac{\partial v_2}{\partial y} = v_0 z\,\frac{3\,R^3}{2\,r^5}\left(\frac{5\,y^2}{r^2} - 1\right).$$

$$\frac{\partial v_3}{\partial z} = v_0 z\,\frac{3\,R^3}{2\,r^5}\left(\frac{5\,z^2}{r^2} - 3\right).$$

Die Summe dieser 3 Differentialquotienten muß verschwinden, d. h. es muß sein nach Gl. 2a

$$\operatorname{div} \mathfrak{v} = 0.$$

In der Tat liefert die Addition:

$$\frac{\partial v_1}{\partial x} + \frac{\partial v_2}{\partial y} + \frac{\partial v_3}{\partial z} = v_0 z\,\frac{3\,R^3}{2\,r^5}\left[\frac{5\,(x^2 + y^2 + z^2)}{r^2} - 5\right] = 0,$$

wenn man beachtet, daß $x^2 + y^2 + z^2 = r^2$ zu setzen ist, womit auch die III. Bedingung, die Kontinuitätsgleichung, erfüllt wird.

Die Flüssigkeit strömt also überall so wie es den geometrischen Bedingungen der Aufgabe entspricht.

Wir können nun für jeden Punkt x, y, z des unbegrenzten Raumes die Geschwindigkeitskomponenten v_1, v_2, v_3 nach den Gl. 9 berechnen, womit uns Richtung und Größe v der resultierenden Geschwindigkeit überall bekannt ist.

Die Erfüllung der mechanischen Bedingungen, also die Bewegung der Massenteilchen nach dem dynamischen Grundgesetze, ist ohnehin durch die allgemeine Integration der Eulerschen hydrodynamischen Gl. 8 gewährleistet. Die allgemeine Lösung mit Hilfe des Potentials φ lieferte uns die Bernoullische Gleichung:

$$\frac{\gamma}{2g}\,v^2 + p = C = \text{Konst.} \quad \ldots \ldots \ldots 11$$

wobei v die Geschwindigkeit in irgend einem Punkte des Raumes bedeutet und p den an dieser Stelle herrschenden Flüssigkeitsdruck.

In ∞ Entfernung von der Kugel wird $v = v_0$, und es herrscht dort überall derselbe Druck p_0 wie in der ungestörten Strömung.

Die überall im Raume herrschende Strömungskonstante C kann daher aus den gegebenen Größen v_0 und p_0 berechnet werden. Wir erhalten dafür:

$$C = \frac{\gamma}{2g} v_0^2 + p_0 \quad \dots \dots \dots \text{11b}$$

Es wird daher aus G. 11

$$\frac{\gamma}{2g} v^2 + p = \frac{\gamma}{2g} v_0^2 + p_0,$$

woraus sich der Druck an irgend einer Stelle des Raumes ergibt zu:

$$p = p_0 + \frac{\gamma}{2g} (v_0^2 - v^2) \quad \dots \dots \dots \text{11c}$$

Aus Gl. 11c läßt sich auch der Druck p berechnen, den die Strömung auf irgend einen Punkt der Kugeloberfläche ausübt, indem man bildet: $v^2 = v_1^2 + v_2^2 + v_3^2$ und zugleich in den Gleichungen für v_1, v_2, v_3 den Abstand $r = R$ setzt. x, y, z bedeuten dann die Koordinaten eines Punktes der Kugeloberfläche, es ist also auch $x^2 + y^2 + z^2 = R^2$ zu setzen.

Führt man dies aus und bezeichnet man die Geschwindigkeit an irgend einem Punkt der Kugeloberfläche mit v_R, so wird:

$$v_R^2 = \frac{9 v_0^2}{4}\left(1 - \frac{z^2}{R^2}\right).$$

Führen wir diesen Wert für v^2 in Gl. 11c ein, so erhalten wir den Druck an irgend einem Punkte der Kugeloberfläche, den wir mit p_R bezeichnen wollen zu:

$$p_R = p_0 + \frac{\gamma}{g} \cdot \frac{v_0^2}{8}\left(9 \frac{z^2}{R^2} - 5\right).$$

Da in einer reibungslosen Flüssigkeit, auch im bewegten Zustande, der Druck überall nur senkrecht auf der Oberfläche eines Körpers stehen kann, so sind alle Druckkräfte p_R nach dem Mittelpunkte der Kugel gerichtet.

p_R ist eine gerade Funktion von z. Es ist also für p_R gleichgültig, ob z positiv oder negativ ist, d. h. der Druck ist an entsprechenden Stellen der der Strömung abgewendeten Halbkugel ebensogroß als auf der ihr zugewendeten Halbkugel. Die Resultierende aller infolge der Strömung auf die Kugel wirkenden Druckkräfte ist also gleich Null. Wir brauchen daher in der vollkommenen Flüssigkeit überhaupt keine Kraft an der Kugel anzubringen, um sie in der Strömung festzuhalten. Daraus folgt natürlich auch umgekehrt, daß sich der geraden, gleichförmigen Bewegung unserer Kugel in der vollkommenen Flüssigkeit kein Widerstand entgegensetzt. Nur zu Beginn der Bewegung wäre ein Antrieb erforderlich, bis die gewünschte konstante Geschwindigkeit v_0 erreicht ist.

Für $z = \pm R$ wird nach der vorletzten Gleichung $v_R = 0$. Der Druck wird daher an diesen Stellen nach Gl. 11c oder auch nach der letzten Gleichung ein Maximum:

$$p_{max} = p_0 + \frac{\gamma}{2g} v_0^2 \quad \ldots \ldots \ldots \ldots \text{11d}$$

Die zugehörigen Punkte A und B in Abb. 8 heißen „Staupunkte". Die gesamte Strömungsenergie des ungestörten Mediums hat sich an diesen Punkten in statischen Druck umgesetzt.

Am größten wird die Geschwindigkeit in den Punkten des Äquatorkreises der Kugel, der mit der x-y-Ebene zusammenfällt. Dort ist $z = 0$ und daher nach der Gleichung für v_R:

$$v_{max} = \sqrt{\frac{9 v_0^2}{4}} = \frac{3}{2} v_0 = 1{,}5 \, v_0 \, .$$

Die Flüssigkeit durchströmt daher die Peripherie dieses größten Kugelkreises, dessen Ebene senkrecht zur Stromrichtung liegt, mit der 1,5fachen Geschwindigkeit der ungestörten Strömung.

Dementsprechend erhalten wir in allen Punkten dieser Kreislinie den kleinsten auftretenden Druck aus Gl. 11c zu:

$$p_{min} = p_0 - \frac{5}{8} \frac{\gamma}{g} v_0^2 \, ,$$

wenn wir in Gl. 11c $v = \frac{3}{2} v_0$ setzen. Den gleichen Wert für p_{min} erhalten wir natürlich auch, wenn wir in der Gleichung für p_R für $z = 0$ setzen.

Lassen wir in der Gleichung für p_{min} die Geschwindigkeit der ungestörten Strömung v_0 so lange anwachsen bis p_{min} verschwindet, dann ist der statische Druck der Flüssigkeit auf alle Punkte des Äquatorkreises, dessen Ebene senkrecht zur z-Achse liegt, zu Null geworden. Diese Geschwindigkeit wollen wir als die „Grenzgeschwindigkeit" v_g bezeichnen. Sie ergibt sich aus dem Ansatz:

$$p_0 - \frac{5}{8} \cdot \frac{\gamma}{g} v_0^2 = 0$$

zu:

$$v_0 = v_g = \sqrt{\frac{8}{5} \cdot \frac{g}{\gamma} \, p_0} \, .$$

Wird auch die Grenzgeschwindigkeit v_g noch überschritten, dann wird der Druck negativ, und die Flüssigkeit löst sich an diesen Stellen von dem festen Körper ab, was bei einer unzusammendrückbaren Flüssigkeit freilich nicht möglich ist, wenn sie allseitig lückenlos von festen Grenzen umschlossen ist.

In der Luft würden wir in der Nähe der Erdoberfläche bei einem statischen Druck von $p_0 = 1$ Atm. $= 10333$ kg/m² und einer Masse der atm. Luft von $\frac{\gamma}{g} \sim \frac{1}{8}$ pro m³ für die Grenzgeschwindigkeit einer Kugel erhalten:

$$v_g = \sqrt{\frac{8}{5} \cdot 8 \cdot 10333} \sim 365 \,\text{m/Sek.}$$

Dies ist nach unseren Betrachtungen in den Abschnitten 9 und 10 allerdings eine Geschwindigkeit, bei der wir atm. Luft nicht mehr als ein unzusammendrückbares Medium betrachten können, freilich auch eine Geschwindigkeit, die wir praktisch in der Luftfahrt kaum zu erwarten haben.

Für Wasser erhalten wir in 10 m Tiefe unter der freien Oberfläche für einen kugelförmigen Körper die Grenzgeschwindigkeit:

$$v_g = \sqrt{\frac{8}{5} \cdot \frac{9,81}{1000} \cdot 2 \cdot 10333} \sim 18 \,\text{m/Sek.} \sim 65 \,\text{km/St.}$$

Für den statischen Druck haben wir dabei ca. 2 Atm. anzusetzen wegen des auf der Oberfläche noch lastenden Druckes der atm. Luftsäule. In 30 m Tiefe wird $v_g \sim 25$ m/Sek. ~ 90 km/St.

12. Körper von beliebiger Gestalt in der Potentialströmung.

Bei der Strömung der vollkommenen Flüssigkeit um die Kugel, dem einfachsten Beispiel für eine dreidimensionale Strömung, ergibt sich naturgemäß eine vollkommene Symmetrie des Stromlinienbildes. In jeder durch die z-Achse gelegten Ebene erblicken wir das gleiche Stromlinienbild wie in Abb. 8. Wegen der daraus folgenden symmetrischen Druckverteilung ist daher auch keine resultierende Druckkraft auf die Kugel zu erwarten.

Es ergibt sich aber in der Potentialströmung auch für irgendwie beliebig gestaltete Körper niemals eine resultierende Druckkraft, d. h. der Widerstand eines Körpers in der Strömung ist stets gleich Null.

Unter einer Potentialströmung verstehen wir ganz allgemein die Strömung einer idealen oder vollkommenen, d. h. reibungslosen und unzusammendrückbaren Flüssigkeit nach den bis jetzt unter diesen Voraussetzungen abgeleiteten Gleichungen. Da die Integration der Eulerschen Gleichungen jedoch nur möglich ist, wenn eine Funktion φ angegeben werden kann, die den Bedingungen der Gl. 9 genügt und die wir als „Geschwindigkeitspotential der Strömung" oder kurz als „Potentialfunktion" bezeichnen, so nennt man eine aus ihr abgeleitete Strömung entsprechend eine „Potentialströmung".

Ich werde nun mit Hilfe eines allgemeinen mechanischen Beweises zeigen, daß in der Potentialströmung tatsächlich keine Kraft auf einen Körper einwirken kann. Dieser Beweis stammt von Lanchester.

In einem durch feste Wände vollständig umgrenzten Raum von endlicher oder auch unendlicher Ausdehnung, der lückenlos mit einer vollkommenen Flüssigkeit erfüllt ist, bewege sich ein beliebig gestalteter Körper geradlinig mit konstanter Geschwindigkeit. Vor Beginn der Bewegung habe sich das gesamte System von Massenpunkten in vollkommener Ruhe befunden.

Das spezifische Gewicht des Körpers sei gleich demjenigen der Flüssigkeit. Wir denken uns also einen Teil des Mediums von beliebiger Gestalt zu einem festen Körper erstarrt. Diese Annahme gestaltet den Beweis besonders einfach. Sie ist auch deshalb zweckmäßig, weil der Körper dann an jeder Stelle der Flüssigkeit gerade schwebt. Wäre sein spezifisches Gewicht größer oder kleiner als das des Mediums, so müßten wir eine Kraft an ihm anbringen, die ihn am Untersinken oder Aufsteigen verhindert.

Nun wenden wir auf das gesamte System von Massenpunkten, in dem sich der Körper mit konstanter Richtung und Geschwindigkeit bewegt, den Impulssatz der Mechanik an.

Da die feste Umgrenzung vollständig mit Materie von derselben Dichte erfüllt ist, kann durch die Bewegung des Körpers in der Flüssigkeit keine Änderung der Lage des Schwerpunktes des gesamten eingeschlossenen Massensystems erfolgen, wo auch der bewegte Körper sich gerade befinden und wie auch die durch ihn veranlaßte Bewegung der einzelnen Flüssigkeitsteilchen im Augenblicke vor sich gehen möge.

Wenn aber der Schwerpunkt eines Massensystems ruht, wie in unserem Falle, dann kann der gesamte Inhalt des abgeschlossenen Raumes unter keinen Umständen einen Impuls besitzen. Der Im-

puls des Inhaltes setzt sich jedoch zusammen aus dem Impuls des
Körpers und dem Impuls der Flüssigkeit. Die Summe dieser Impulse
ist demnach gleich Null. Da aber die Geschwindigkeit des Körpers
nach Größe und Richtung konstant ist, so ist der Impuls des Körpers
für sich gleich Null, womit auch der Impuls der Flüssigkeit verschwindet. Der Flüssigkeit wird also durch die Bewegung des Körpers kein Impuls mitgeteilt, und daher ist auch keine Kraft notwendig, um die Bewegung des Körpers aufrechtzuerhalten. Sein
Widerstand in der idealen Flüssigkeit ist also stets gleich Null, was
zu beweisen war.

Ist das spezifische Gewicht des Körpers von dem der Flüssigkeit
verschieden, so beachte man, daß die Bewegung der einzelnen
Flüssigkeitsteilchen durch diesen Umstand keine Änderung erleiden
kann, da sie selbstverständlich nur von der Gestalt des bewegten
Körpers abhängig ist.

Freilich bleibt jetzt der Schwerpunkt des gesamten Massensystems nicht mehr in Ruhe. Es bietet jedoch keine Schwierigkeit,
auch in diesem Falle den allgemeinen mechanischen Beweis für
die Unmöglichkeit eines Widerstandes in der vollkommenen Flüssigkeit zu erbringen.

13. Die zweidimensionale Zylinderströmung.

Wir denken uns eine stationäre Parallelströmung vom Drucke p_0
und der Geschwindigkeit v_0 parallel zur x-Achse durch einen unendlich langen Kreiszylinder gestört,
dessen Achse mit der z-Achse
unseres rechtsgängigen Koordinatensystems zusammenfallen möge
(s. Abb. 9).

Die Potentialströmung um diesen Zylinder ist zu bestimmen.

Da der Zylinder unendlich lang
sein soll, muß das Strömungsbild
in allen Ebenen parallel zur x-y-

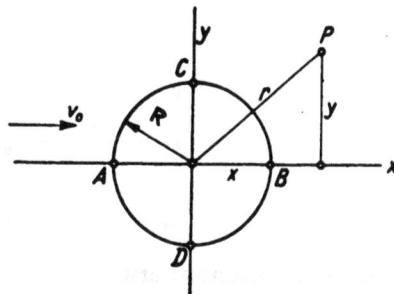

Abb. 9.

Ebene das gleiche sein. Es wurde früher bereits in Abb. 6 skizziert.
Es ist daher in allen Punkten des Raumes die Geschwindigkeits-
komponente $v_3 = 0$; wir sprechen daher in diesem Falle von einer
ebenen oder zweidimensionalen Strömung, die uns die Aufgabe
sehr vereinfacht.

Die ebene Zylinderströmung ist für die theoretisch hydrodynamische Entwicklung des Auftriebes und des Widerstandes der Tragfläche einer Flugmaschine von grundlegender Bedeutung.

Die Gleichung der Oberfläche des Kreiszylinders ist gegeben durch die Kreisgleichung: $x^2 + y^2 = R^2$.

Für einen beliebigen Punkt P in der Ebene gilt allgemein:

$$x^2 + y^2 = r^2.$$

In unendlich großer Entfernung vom Zylinder muß sein:

$$v_1 = v_0; \quad v_2 = 0 \ldots\ldots\ldots\ldots \text{I}$$

Die Funktion der Oberfläche des Zylinders ist gegeben durch:

$$F = x^2 + y^2 - R^2 = 0,$$

daher

$$\frac{\partial F}{\partial x} = 2x \quad \text{und} \quad \frac{\partial F}{\partial y} = 2y.$$

Nach der Grenzbedingung Gl. 7 muß sein:

$$v_1 \frac{\partial F}{\partial x} + v_2 \frac{\partial F}{\partial y} = 0$$

und nach Einsetzen der Differentialquotienten wird hieraus:

$$v_1 x + v_2 y = 0 \ldots\ldots\ldots\ldots \text{II}$$

Die Kontinuitätsgleichung vereinfacht sich wegen $v_3 = 0$ zu:

$$\frac{\partial v_1}{\partial x} + \frac{\partial v_2}{\partial y} = 0 \ldots\ldots\ldots\ldots \text{III}$$

Diesen 3 Bedingungen genügt die Potentialfunktion:

$$\varphi = - v_0 x \left(1 + \frac{R^2}{r^2} \right).$$

Nach den Gl. 9 wird:

$$\left. \begin{aligned} v_1 &= -\frac{\partial \varphi}{\partial x} = v_0 \left(1 + \frac{R^2}{r^2} \right) - \frac{2 v_0 x^2 R^2}{r^4} \\ v_2 &= -\frac{\partial \varphi}{\partial y} = -\frac{2 v_0 R^2 x y}{r^4} \end{aligned} \right\} \ldots\ldots 12$$

Bei der Differentierung der Potentialfunktion φ partiell nach x und y ist zu beachten, daß r eine Funktion von x und y darstellt, gegeben durch $r = \sqrt{x^2 + y^2}$, woraus folgt:

$$\frac{\partial r}{\partial x} = \frac{x}{r} \quad \text{und} \quad \frac{\partial r}{\partial y} = \frac{y}{r}.$$

Aus den Gl. 12 folgt sofort für $r = \infty$, daß der Bedingung I gemäß wird: $v_1 = v_0$ und $v_2 = 0$.

Für die Prüfung der 2. Bedingung, welche dafür sorgt, daß die Strömung an der Oberfläche des Körpers überall tangential verläuft, setzen wir in den Gl. 12 überall für $r = R$ ein. Dann wird aus der allgemeinen Bedingungsgleichung II

$$v_1 x + v_2 y = 2 v_0 x - \frac{2 v_0 x (x^2 + y^2)}{R^2} = 0$$

wie verlangt, da für die Oberfläche $x^2 + y^2 = R^2$ ist.

Zur Prüfung der Kontinuitätsgleichung bilden wir:

$$\frac{\partial v_1}{\partial x} = - \frac{2 v_0 R^2 x}{r^4} \left(3 - \frac{4 x^2}{r^2} \right)$$

$$\frac{\partial v_2}{\partial y} = - \frac{2 v_0 R^2 x}{r^4} \left(1 - \frac{4 y^2}{r^2} \right)$$

und addieren:

$$\frac{\partial v_1}{\partial x} + \frac{\partial v_2}{\partial y} = - \frac{8 v_0 R^2 x}{r^4} \left(1 - \frac{x^2 + y^2}{r^2} \right) = 0,$$

denn es ist in der Klammer $x^2 + y^2 = r^2$. Alle 3 Bedingungsgleichungen werden also durch die angegebene Potentialfunktion φ restlos erfüllt.

Nun ist nach Gl. 11 überall

$$C = \frac{\gamma}{2 g} v^2 + p = \text{Konstant,}$$

wenn v und p Geschwindigkeit und Druck in irgend einem Punkte der Ebene bedeuten. In unendlicher Entfernung wird $v = v_0$ und $p = p_0$, woraus die Konstante C der Strömung berechnet werden kann. Wir erhalten dafür nach Gl. 11 b

$$C = \frac{\gamma}{2 g} v_0^2 + p_0.$$

Durch Gleichsetzen der Gl. 11 und 11 b erhalten wir, wie früher bei der Kugel, die Gl. 11 c, die uns den Druck p an irgend einem Punkte zu berechnen gestattet. Es wird dafür:

$$p = p_0 + \frac{\gamma}{2 g} (v_0^2 - v^2).$$

Da die Komponenten v_1 und v_2 der Geschwindigkeit v nach den Gl. 12 für jeden Punkt der Ebene bekannt sind, haben wir nur $v^2 = v_1^2 + v_2^2$ zu bilden und in die letzte Gl. 11 c einzusetzen, um dann sofort den Druck p an dieser Stelle berechnen zu können.

Da uns hauptsächlich der Druck auf die Oberfläche des Zylinders interessiert, so berechnen wir zunächst die Oberflächengeschwindigkeit, die wir mit v_R bezeichnen. Wir erhalten v_R, indem wir in den Gl. 12 überall für $r = R$ setzen, beide Gleichungen quadrieren und dann addieren. Wir erhalten dann:

$$v_R^2 = 4\, v_0^2 \left(1 - \frac{x^2}{R^2}\right) \quad \ldots \ldots \ldots 13$$

wobei zu beachten ist, daß jetzt $x^2 + y^2 = R^2$ ist. Für $x = \pm R$ oder $y = 0$ wird nach Gl. 13

$$v_R = 0.$$

Es sind dies die beiden Staupunkte der Strömung. In Abb. 9 die Punkte A und B. Nach Gl. 11d erhalten wir dort den größten überhaupt in der Strömung vorkommenden Druck:

$$p_{max} = p_0 + \frac{\gamma}{2g}\, v_0^2.$$

In den Punkten C und D (Abb. 9), also für $x = 0$ und $y = \pm R$, wird die Geschwindigkeit am größten.

Aus Gl. 13 erhalten wir dafür:

$$v_{max} = 2\, v_0$$

(gegen $1{,}5\, v_0$ bei der Kugelströmung).

Damit ergibt sich aus Gl. 11c

$$p_{min} = p_0 - \frac{3}{2} \cdot \frac{\gamma}{g}\, v_0^2 \quad \ldots \ldots \ldots 14$$

Die Grenzgeschwindigkeit ergibt sich wieder aus:

$$p_0 - \frac{3}{2} \cdot \frac{\gamma}{g}\, v_0^2 = 0$$

zu

$$v_0 = v_g = \sqrt{\frac{2}{3} \cdot \frac{g}{\gamma} \cdot p_0}.$$

Setzen wir in Gl. 11c für $v^2 = v_R^2$ aus Gl. 13 ein, dann erhalten wir wie früher bei der Kugel den Druck an jeder Stelle der Zylinderoberfläche zu:

$$p_R = p_0 + \frac{\gamma}{2g}\, v_0^2 \left(4\, \frac{x^2}{R^2} - 3\right) \quad \ldots \ldots \ldots 15$$

Auch hier nimmt aus Symmetriegründen p_R den gleichen Wert an, gleichgültig ob x positiv oder negativ ist. Daher ist die Resultierende aller Druckkräfte gleich Null, womit also auch der unendlich lange Zylinder widerstandslos in der Strömung steht.

In Abb. 10 ist die Druckverteilung über die Oberfläche des Zylinders dargestellt. Die Druckkräfte stehen überall senkrecht auf der Oberfläche des Zylinders, sind also alle nach dem Mittelpunkte des Kreises gerichtet. Im Staupunkte A ist die Geschwindigkeit $v = 0$; der Druck p_{max} an dieser Stelle ist gleich der Strömungskonstanten $C = p_0 + \frac{\gamma}{2g} v_0^2$, wobei p_0 den Druck der ungestörten Strömung im Unendlichen darstellt. Im Punkte C ist die Geschwindigkeit ein Maximum, nämlich $v_{max} = 2v_0$; der zugehörige Druck p_{min} ergibt sich aus Gl. 14. Zwischen den Punkten A und C muß sich daher ein Punkt B befinden, in dem die von A bis C, von $v = 0$ auf $v = 2v_0$ zunehmende Geschwindigkeit gerade den Geschwindigkeitswert v_0 der ungestörten Strömung erreicht. Die Lage dieses Punktes erhalten wir, wenn wir in Gl. 13 $v_R = v_0$ setzen. Dafür wird:

$$x = x_0 = \pm \frac{R}{2} \sqrt{3} \qquad . \ . \ 16$$

Der Druck im Punkte B ergibt sich aus Gl. 11c für $v = v_0$ zu $p = p_0$, wie zu erwarten war. In den Punkten B, B' herrscht also Geschwindigkeit und Druck der ungestörten Strömung wie im Unendlichen. Nach Gl. 14 wird

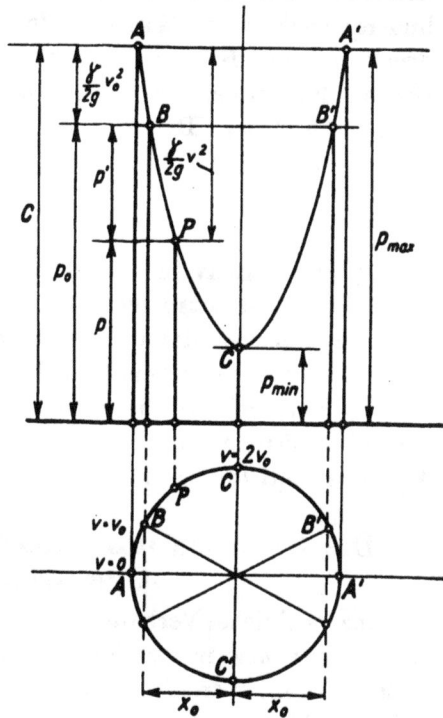

Abb. 10.

$$p_{min} \text{ positiv, wenn } p_0 > 3 \frac{\gamma}{2g} v_0^2,$$

$$p_{min} = \pm 0, \quad \text{wenn } p_0 = 3 \frac{\gamma}{2g} v_0^2,$$

$$p_{min} \text{ negativ, wenn } p_0 < 3 \frac{\gamma}{2g} v_0^2.$$

Im letzteren Fall kann für zusammendrückbare Flüssigkeiten Kavitation eintreten, d. h. die Flüssigkeit löst sich von der Oberfläche des Körpers ab.

Von A bis B ist der absolute Druck $p > p_0$,

in B „ „ „ „ $p = p_0$,

„ B bis C „ „ „ „ $p < p_0$.

Wegen der vollkommen symmetrischen Druckverteilung gilt dies natürlich auch für die übrigen entsprechenden Kreisbogen des Zylinderquerschnittes. Man sagt daher, von A bis B herrscht Überdruck und von B bis C herrscht Unterdruck auf der Zylinderoberfläche. Bezeichnen wir diese Differenz zwischen dem absoluten Druck p und dem Druck p_0 der ungestörten Strömung mit p', so wird dafür nach Gl. 11 c

$$p' = p - p_0 = \frac{\gamma}{2\,g}\,(v_0^2 - v^2) \quad \ldots \ldots \ldots 17$$

p' wird also negativ für $v > v_0$, also von B bis C und C bis B', und ebenso auf dem entsprechenden Bogen der unteren Zylinderhälfte, und wir sprechen dann von Unterdruck, worunter wir uns trotz des negativen Vorzeichens jedoch nicht etwa einen negativen Druck auf die Körperoberfläche vorstellen dürfen. Dieser bleibt vielmehr überall positiv nach Abb. 10, sofern nicht die Grenzgeschwindigkeit überschritten wird.

14. Die Ursachen des Widerstandes einer Flüssigkeit mit geringer Reibung.

Das wirkliche Verhalten umströmter Körper im Wasser oder in der Luft, also in den für uns technisch in Betracht kommenden Flüssigkeiten, ist freilich ein ganz anderes. Wir sind mit den beträchtlichen Widerstandskräften, die die Aufrechterhaltung einer konstanten Geschwindigkeit eines Körpers in diesen Medien erfordert, aus der täglichen Erfahrung her so vertraut, daß wir unwillkürlich geneigt sind, diese Kräfte als eine notwendige Folge des flüssigen Zustandes zu betrachten und sie daher auch bei einer vollkommenen Flüssigkeit erwarten. Unsere bisherigen Studien zeigen uns aber, daß diese Vorstellung falsch ist. Der Widerstand, den die bewegten Körper erfahren, rührt nicht daher, daß Luft und Wasser an sich flüssige Medien sind, sondern daher, daß sie nicht vollkommen flüssig sind. Immerhin ist es sehr auffällig, daß in Wirklichkeit so erhebliche Kräfte auftreten können, obgleich die Eigenschaften der Unzusammendrückbarkeit und Reibungslosigkeit, die wir der vollkommenen Flüssigkeit zuschreiben, bei Luft und Wasser mit hinreichender Genauigkeit vorhanden sind, so daß sie nahezu als vollkommene Flüssigkeiten angesehen werden können.

Den Widerstand, den ein bewegter Körper in der wirklichen Flüssigkeit erfährt, können wir uns zusammengesetzt denken aus der Oberflächenreibung und aus der Resultierenden aller Flüssigkeitsdrucke, die infolge der Bewegung auf die Oberfläche des Körpers einwirken. Wir unterscheiden sonach 1. den Reibungs-

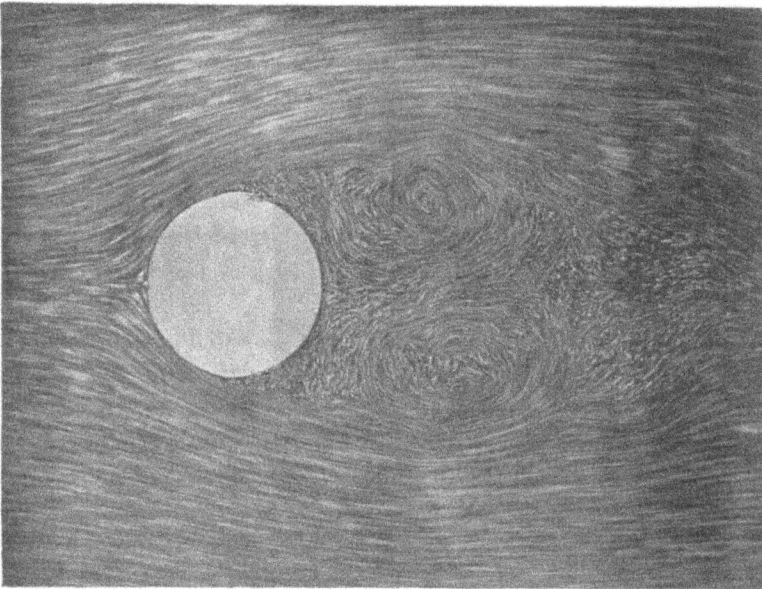

Abb. 11.

widerstand und 2. den Druckwiderstand. Der erste Summand verschwindet in der vollkommenen Flüssigkeit ohne weiteres. Aus den letzten Abschnitten 11 bis 13 geht aber hervor, daß auch der 2. Summand unter allen Umständen gleich Null werden muß.

Die Oberflächenreibung allein kann jedoch nicht ausreichen, um die in Wirklichkeit auftretenden Kräfte zu erklären, so daß wir also auch, je nach der Form des Körpers, mehr oder weniger beträchtliche Druckunterschiede vor und hinter dem bewegten Körper zu erwarten haben. Diese erkennen wir sofort, wenn wir das Strömungsbild um einen Körper im Wasser oder in der Luft auf experimentellem Wege sichtbar machen, etwa um einen Zylinder oder um eine Kugel. Abb. 11 zeigt eine Aufnahme von Prof. Ahlborn für

Wasser, Abb. 12 eine Aufnahme der Aerodynamischen Versuchsanstalt Göttingen[1]), wobei die Strömung in der Luft durch Rauch-
strahlen kenntlich gemacht wird, die, in gleichen Abständen geführt, ein getreues Abbild der Stromlinien liefern. Im ersten Falle
wurde der Körper mit konstanter Geschwindigkeit durch die
ruhende Flüssigkeit geführt, im zweiten Falle ist der Körper festgehalten, während die Luft strömt. Wir erkennen, daß die theoretische Potentialströmung sich nur vor dem Körper einstellt,
während der Raum hinter ihm vollständig mit Wirbeln erfüllt ist.
Damit ändert sich natürlich die theoretisch berechnete Druckverteilung nicht nur auf der Rückseite vollständig, sondern sie wird
infolge dieser Störung
auch auf der Vorder-
seite nicht mehr genau
mit der Rechnung über-
einstimmen können.

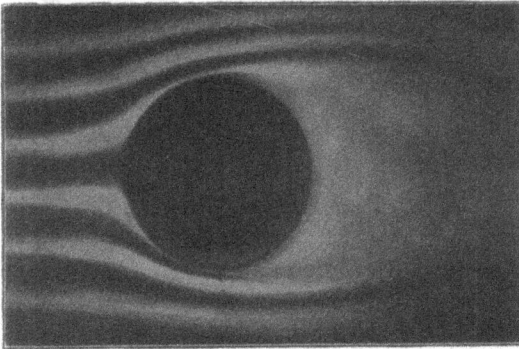

Abb. 12.

Die Ursache dieser
Wirbelbildung wurde
erst in neuerer Zeit als
eine Folge der Flüssig-
keitsreibung erkannt
und vollständig er-
klärt durch die Grenz-
schichttheorie von
Prandtl (1904). Danach sind in Flüssigkeiten mit geringer Reibung oder, wie man auch sagt, mit geringer „Zähigkeit", wozu
Luft und Wasser gehören (im Gegensatz zu dickflüssigem Öl oder
flüssigem Leim), die Reibungskräfte im Inneren der strömenden
Flüssigkeit zwar stets so klein, daß sie nach wie vor vernachlässigt werden können. Nun ist aber auf Grund von Versuchen
einwandfrei erkannt, daß die unmittelbar an die Oberfläche
von Körpern oder an feste Wände angrenzende Flüssigkeitsschicht infolge der Reibung fest an diesen haftet, d. h. relativ
zu ihnen in Ruhe bleibt. Die zunächst angrenzenden Schichten
schieben sich mit immer zunehmender Geschwindigkeit über die
vorhergehenden Schichten hinweg, bis schließlich die Geschwindigkeit der freien Strömung erreicht ist, in der die Reibung als verschwindend angenommen werden kann. Dieser Übergang von der

---

[1]) Aus Prandtl, Ergebnisse der Aerodynamischen Versuchsanstalt zu Göttingen, 2. Lieferung, Verlag von R. Oldenbourg, München und Berlin 1923.

Geschwindigkeit Null an festen Grenzen bis zur Geschwindigkeit der
freien fast reibungslosen Strömung wird durch Abb. 13 veranschau-
licht. Es bildet sich also eine den Körper umhüllende Zone, die als
„Reibungszone" oder „Grenzschicht" bezeichnet wird. Die Dicke δ
dieser Grenzschicht ist offenbar von der inneren Reibung oder Zähigkeit der Flüssigkeit abhängig. Wenn wir uns diese Reibung immer
mehr vermindert denken, so werden die Reibungswirkungen in
dieser Schicht nicht kleiner, sondern nur die Schicht selbst wird
dünner. Denken wir uns z. B. eine horizontale Parallelströmung
einer zähen Flüssigkeit mit überall konstanter Geschwindigkeit,
etwa Sirup oder Leim und zugleich eine ebensolche Strömung
derselben Geschwindigkeit eines dünnflüssigeren Mediums, wie
Wasser oder Luft, dann muß in beiden Fällen
in der Nähe einer horizontalen Begrenzungs-
ebene (s. Abb. 13) die Geschwindigkeit der
freien Strömung allmählich bis auf Null ab-
gebremst werden. Es ist klar, daß die
Dicke δ der Grenzschicht um so geringer wird,
je geringer die Zähigkeit der Flüssigkeit ist,
und daß sie ganz verschwindet, wenn wir es
mit einer reibungslosen Flüssigkeit zu tun

Abb. 13.

haben. Innerhalb der freien Parallelströmung spielt die Reibung
selbstverständlich nicht die geringste Rolle, wie groß auch die Zähigkeit des Mediums sein mag, da ja zwischen den einzelnen Schichten
kein Geschwindigkeitsunterschied besteht.

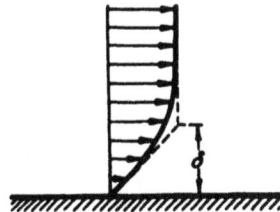

Die Dicke dieser Grenzschicht ist daher für Wasser oder Luft
außerordentlich gering, entsprechend der geringen inneren Reibung
dieser Medien. Wir dürfen sie uns nur wenige Millimeter stark vorstellen. Und trotzdem ist diese winzige Grenzschicht die Ursache der
fundamentalen Störung der Potentialströmung hinter den bewegten
Körpern, wie sie uns durch die Aufnahmen Abb. 11 und 12 gezeigt wird.

Die Flüssigkeitsteilchen der Grenzschicht unterliegen ebenso wie
die der freien Strömung den beschleunigenden oder verzögernden
Druckunterschieden auf der Oberfläche des Körpers, außerdem aber
noch den Reibungskräften an der Körperoberfläche oder an einer
äußeren Begrenzungswand.

Den Einfluß der Grenzschicht auf die Gestaltung der Strömung
wollen wir nun an dem Beispiel der zweidimensionalen oder ebenen
Kreiszylinderströmung etwas näher betrachten. Denken wir uns
die Bewegung aus der Ruhe hervorgegangen. Die Druckunterschiede

auf der Oberfläche des Zylinders werden um so geringer sein, je kleiner die Geschwindigkeit ist. Daher werden diese aus der freien Strömung stammenden und durch die Vermittelung der Grenzschicht auf die Oberfläche des Körpers übertragenen Druckkräfte noch keine merkliche Wirkung auf die Grenzschicht ausüben können,

um so weniger, als die Dicke der Grenzschicht aus dem gleichen Grunde noch so gering sein wird, daß man sie füglich vernachlässigen kann.

Die ebene Potentialströmung kann experimentell sehr schön vorgeführt werden, etwa durch den Apparat von Prof. Pohl. Abb. 14 zeigt die Potentialströmung um den unendlich langen Kreiszylinder.

Der Kreiszylinder wird senkrecht zwischen zwei parallele Glasplatten gesetzt, derart, daß seine Höhe gleich dem Abstande der den Strömungskanal begrenzenden parallelen Glasplatten bildet. Dadurch wird das Strömungsbild ein zweidimensionales, wie es

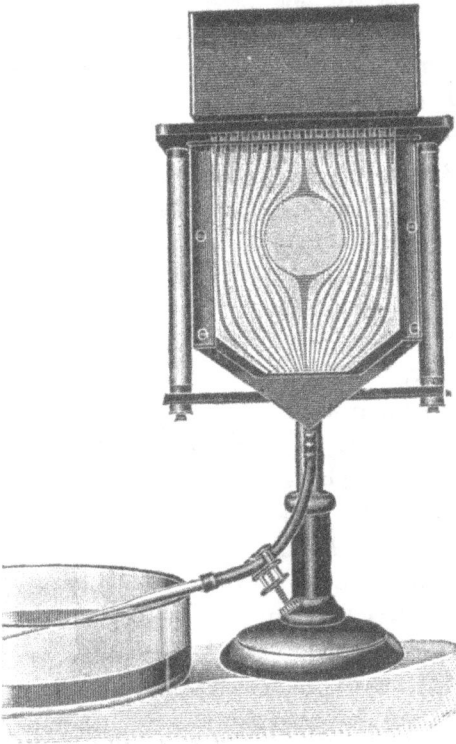

Abb. 14.

sich beim unendlich langen Zylinder einstellt. Die Stromlinien werden durch gefärbtes Wasser sichtbar gemacht. Die Abb. 15, 16 und 17 zeigen andere zweidimensionale oder ebene Potentialströmungen. Freilich entsteht hier nur eine Potentialströmung in der mittleren Ebene zwischen den beiden sehr nahe zusammengestellten Glasplatten, und zwar wird sie in diesem Falle gerade durch die Reibung erzielt. Die Flüssigkeit haftet an den Begrenzungsplatten, so daß die Geschwindigkeiten nach der Mittelebene zu beiderseits von Null aus bis zu einem Höchstwert anwachsen. Wir erhalten also eine reibende Strömung in Schichten (Laminarströmung) mit etwa parabolischer Geschwindigkeitsverteilung. Der Apparat wird durch die Firma „Spindler und Hoyer“ in Göttingen hergestellt.

Mit zunehmender Geschwindigkeit wachsen die Druckunterschiede auf der Oberfläche des Zylinders, und nach Eintritt einer

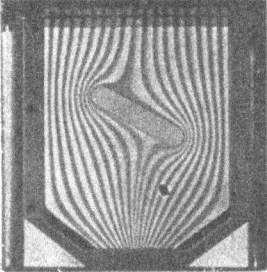 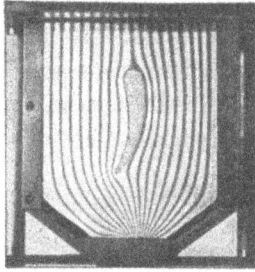 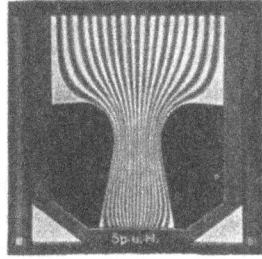

Abb. 15.   Abb. 16.   Abb. 17.

konstanten Geschwindigkeit erhalten wir die in Abb. 10 gezeichnete Druckverteilung, derart, daß wir bei A und A' hohen Druck,

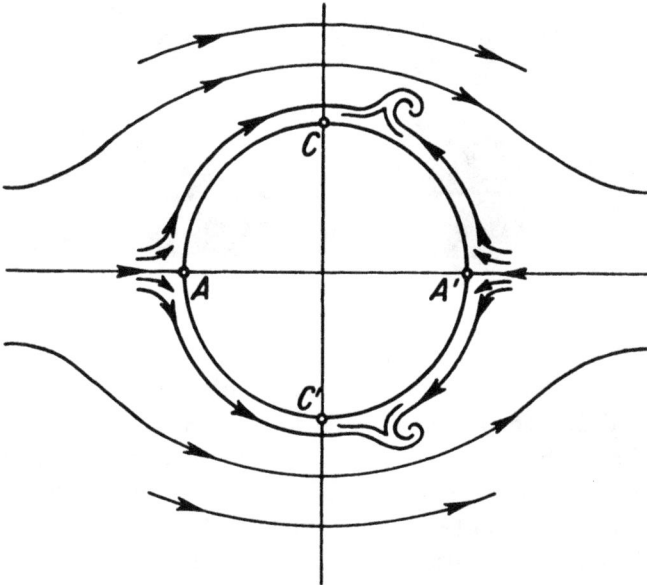

Abb. 18.

bei C und C' niedrigen Druck vorfinden. Da der Flüssigkeitsdruck durch die Vermittelung der Grenzschicht auf die Oberfläche des Körpers übertragen wird, so wird die ursprünglich haftende Schicht unter dem hohen Drucke bei A und A' von beiden Seiten her in Richtung auf die Punkte C und C' ins Fließen geraten (s. Abb. 18).

Die bei A und A' abfließende Schicht würde dann dauernd durch neu zuströmende Flüssigkeit ersetzt. Wir haben also zunächst auf der Vorderseite ein ständiges Fließen der dünnen Grenzschicht in der Richtung von A nach C und C' zu erwarten, mit einer geringeren Geschwindigkeit als derjenigen der freien Strömung, ohne daß dadurch auf der Vorderseite die Potentialströmung merklich geändert werden könnte. Ganz anders aber gestalten sich die Verhältnisse auf der Rückseite. Dort wird unter dem hohen Drucke bei A' die haftende Grenzschicht sich allmählich in Richtung auf

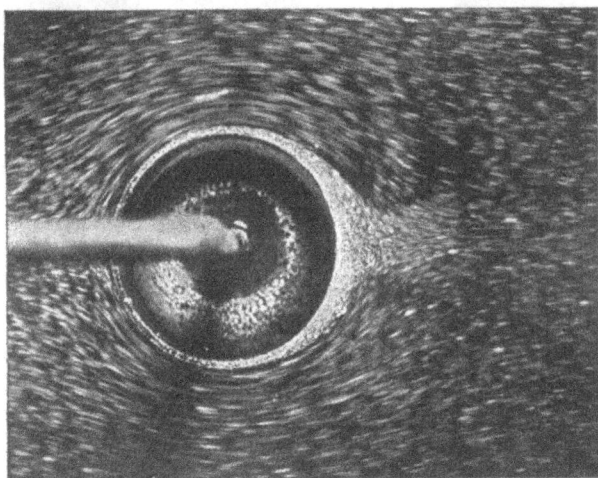

Abb. 19.

die Punkte C, C' in Bewegung gesetzt werden, also in einer Richtung, die der freien Strömung gerade entgegenläuft. Die von A nach C und C' sich bewegenden Teile der Grenzschicht haben aber die gleiche Richtung wie die freie Strömung. Sie werden daher durch die immer schneller werdende Strömung mitgenommen und dadurch über die Punkte C und C' hinausgetragen, obwohl sich dort wieder Druckanstieg geltend macht, während andererseits die vom Punkte A' entgegenströmende Grenzschicht durch die gegenläufige freie Strömung gehemmt wird. Die strömenden Grenzschichten werden daher etwas hinter den Punkten C und C' aufeinandertreffen und sich dort stauen. Die angestauten Massen werden von der Strömung erfaßt und als Wirbel in die freie Flüssigkeit hinausgestoßen. Die Grenzschicht löst sich jetzt unter Bildung von immer neuen Wirbeln in der Nähe von C und C' völlig von der

Wand ab, um immer wieder durch die nach A und A' neu zu-
fließende Flüssigkeit gespeist zu werden.

Die Aufnahmen von H. Rubach zeigen außerordentlich anschau-
lich diese Vorgänge an einem Kreiszylinder[1]). Bei Beginn der Bewegung (Abb. 19) erblicken wir die reine Potentialströmung. In
Abb. 20 beginnt die Aufstauung der Grenzschichtmassen und die
damit verbundene, zunächst symmetrische Wirbelbildung. In
Abb. 21 haben sich bereits zwei schöne, regelmäßige Wirbel entwickelt. Wenn wir diese beiden Wirbel mit dem Kreiszylinder

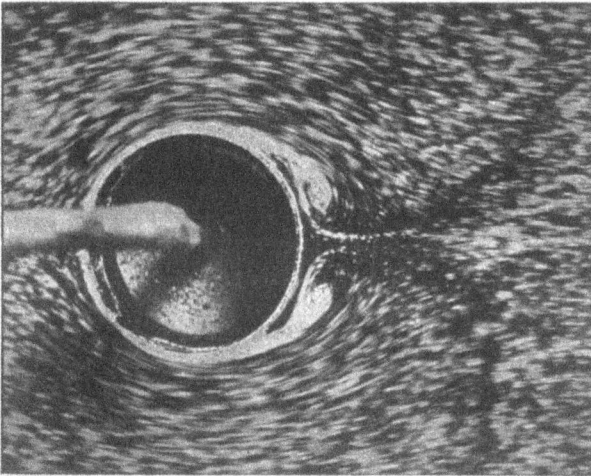

Abb. 20.

zu einem Zylinder mit ovalem Querschnitt vereinigt denken, dann
haben wir den Eindruck einer ungestörten Potentialströmung um
den ovalen Zylinder. Kleine Stöße in der Strömung werden nun
die weitere symmetrische Ausbildung der immer mehr zunehmenden
Wirbel hindern, so daß die in Abb. 22 gezeigte Ablösung der Wirbel
nicht paarweise erfolgt, sondern abwechselnd, derart, daß der
stärker entwickelte Wirbel zunächst von der Strömung fortgeführt
wird, so daß sich schließlich das Bild der Abb. 23 ergibt. Man
spricht von einer Wirbelstraße oder Wirbelschleppe, die sich
hinter dem Körper bildet, durch welche dauernd die in den Wirbeln
steckende Energie von der Strömung fortgetragen wird. Durch die

---

[1]) Abb. 19—22 entnommen aus „Die Naturwissenschaften" 1925, Heft 6,
Springer, Berlin.

inneren Reibungswiderstände lösen sich die Wirbel allmählich auf, und ihre Energie wird der Gesamtheit der Flüssigkeit mitgeteilt.

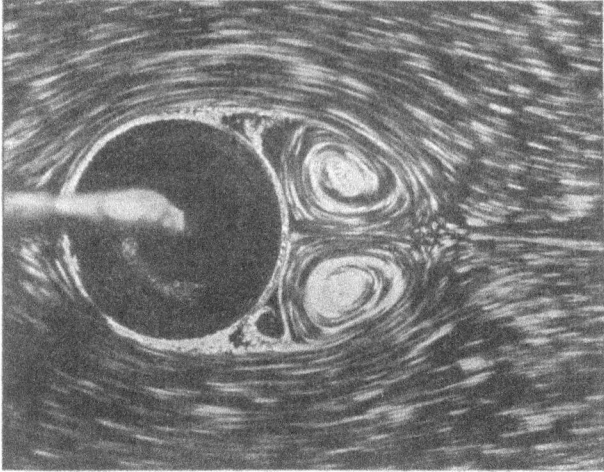

Abb. 21.

Die in Abb. 10 gezeichnete symmetrische Druckverteilung der Potentialströmung wird daher beträchtlich gestört. Die Wirbel-

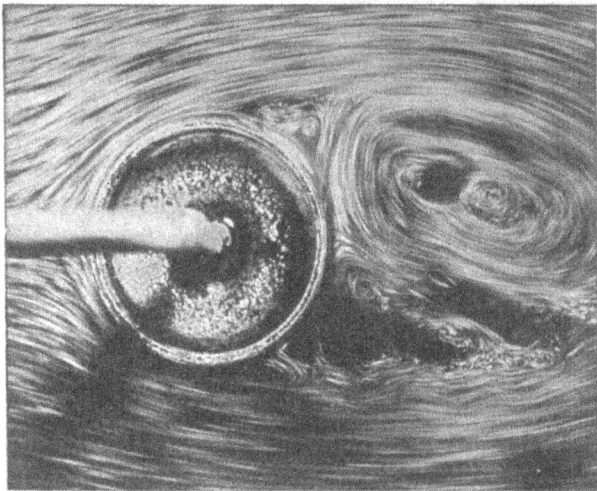

Abb. 22.

bildung auf der Rückseite des Zylinders veranlaßt dort an allen Stellen einen Druckabfall, der im Punkte A' am größten wird.

Abb. 24 zeigt ungefähr den Unterschied zwischen der wirklichen Druckverteilung und derjenigen der theoretischen Potentialströmung. Auf der Vorderseite des Zylinders bemerken wir noch keinen Unterschied, erst von der Mitte ab beginnt der mehr und mehr zunehmende Druckabfall, der nun einen Druckwiderstand zur Folge hat. Zu diesem hinzu addiert sich der Reibungs-

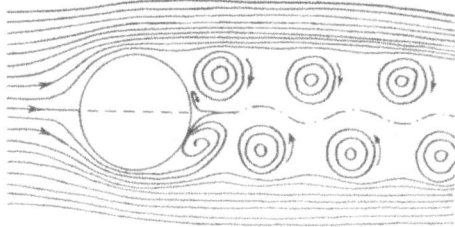

Abb. 23.

widerstand an der Oberfläche des Zylinders, womit wir die Kraft erhalten, die an dem Körper anzubringen ist, um ihn entweder in der Strömung festzuhalten oder ihn mit konstanter Geschwindigkeit durch die ruhende Flüssigkeit hindurch zu bewegen.

Die dazu erforderliche Arbeitsleistung setzt sich zusammen aus der zur Überwindung der Oberflächenreibung erforderlichen Leistung und der zur Überwindung des Druckwiderstandes erforderlichen Leistnng. Letztere bleibt in der Flüssigkeit zurück in Gestalt der kinetischen Energie der von dem bewegten Körper nachgezogenen Wirbelschleppe.

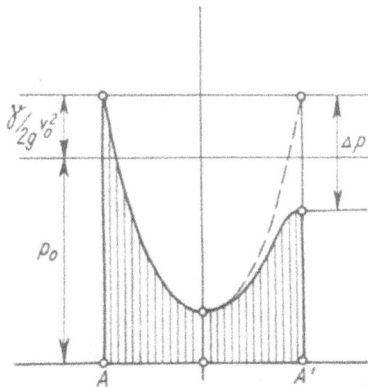

Abb. 24.

15. Der Einfluß der Form des Körpers auf den Widerstand.

Den Reibungswiderstand eines durch Wasser oder Luft bewegten Körpers können wir dadurch auf ein Mindestmaß herabsetzen, daß wir die Oberfläche möglichst glatt ausführen. Die den Druckwiderstand hervorrufende Wirbelbildung können wir fast ganz beseitigen durch geeignete Formgebung des Körpers.

In diesem Falle aber ergibt sich eine ausgezeichnete Übereinstimmung der theoretischen Potentialströmung mit der wirklichen Strömung um den Körper.

Die Körperformen von kleinem Widerstand sind für die Konstruktion von Luftschiffen und Flugmaschinen von der größten

praktischen Bedeutung. Durch systematische Versuche in der von
Prandtl geleiteten aerodynamischen Versuchsanstalt in Göttingen
wurden die günstigsten Formen allmählich entdeckt, und dabei
herausgefunden, daß solche Formen, bei denen die Luft am Vorder-
teil des Körpers, der Potentialströmung gemäß fließt, an den glat-
ten Seitenflächen entlang gleitet, und sich hinter einem möglichst
schlank verlaufenden Hinterende fast wirbellos wieder schließt,
einen so auffallend geringen Widerstand ergeben, daß man darin
die praktische Verwirklichung des Satzes vom Widerstand gleich
Null erblicken darf. Der wirklich noch gemessene Widerstand an
so gestalteten Körpern kann als reine Oberflächenreibung ange-
sprochen werden.

Die interessanten Untersuchungen an Luftschiffkörpern verschiedener Gestalt von G. Fuhrmann, eines Mitarbeiters von

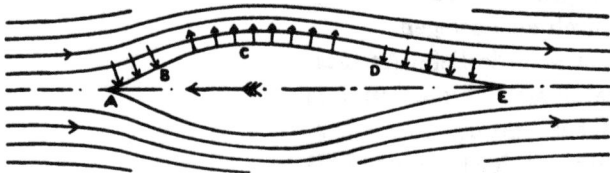

Abb. 25.

Prof. Prandtl, ergeben die fast vollständige Übereinstimmung
der theoretischen, durch die Potentialströmung geforderten Druckverteilung, mit der wirklich an Modellen gemessenen. Abb. 25 zeigt
die Verteilung von Über- und Unterdruck auf einem Luftschiffkörper.

Die Überdrucke an Bug und Heck von A bis B und von D bis
E sind größer, die Unterdrucke im mittleren Teil auf der Linie
BCD dagegen kleiner als der statische atmosphärische Druck.
Die vertikalen Komponenten dieser Druckkräfte heben sich aus
Symmetriegründen gegenseitig auf, die horizontalen Komponenten
heben sich aus hydrodynamischen Gründen gegenseitig auf, d. h.
der Körper wird in Richtung seiner Bewegung von den Flüssigkeitsdrucken auf den vorderen Teil mit der gleichen Kraft gehemmt
als er von den Flüssigkeitsdrucken auf seine Rückseite geschoben
wird, denn der resultierende Druckwiderstand muß in der idealen
Flüssigkeit verschwinden.

Abb. 26 zeigt uns nun die theoretisch berechnete Druckverteilung für die ideale Flüssigkeit über einen Luftschiffkörper in

der ausgezogenen Drucklinie, wobei der resultierende axiale Druckwiderstand zu Null wird, wie dies die Theorie erfordert, und wovon man sich durch die ebenso einfach wie geschickt gewählte
Auswertungsmethode von Fuhrmann überzeugen kann (siehe
Literaturnachweis).

Die in der Abbildung durch kleine Kreise angedeutete Linie

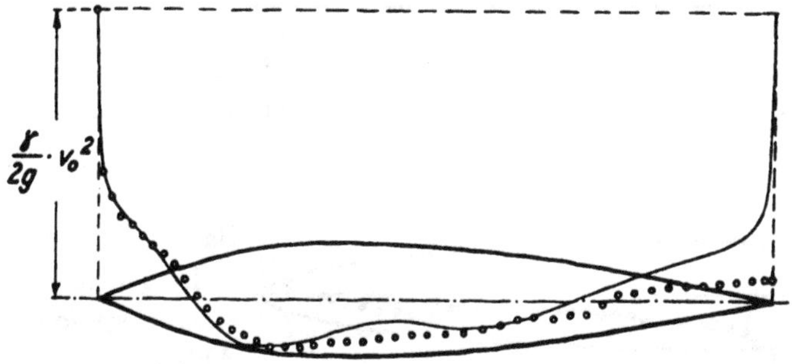

Abb. 26.

entspricht der wirklichen Druckverteilung, wie sie in Göttingen an
einem entsprechenden Modell des Luftschiffkörpers gewonnen wurde,
durch außerordentlich sorgfältig angelegte Versuche, bei denen
die verschieden-
sten Formen von
Luftschiffkör-
pern systema-
tisch berechnet
und im Luft-
kanal geprüft
wurden. Die
Übereinstim-
mung der hydro-
dynamischen
Theorie mit der

Abb. 27.

Wirklichkeit ist demnach eine in hohem Maße befriedigende. Noch
genauer ist diese Übereinstimmung bei den in Abb. 27 und 28 dar-
gestellten Luftschiffkörpern, bei denen ein Druckabfall erst kurz
vor der Heckspitze erfolgt, wodurch ein nur sehr geringer Druckwiderstand hervorgerufen werden kann. Mit Ausnahme dieses Druck-
abfalles gegenüber dem theoretischen Druck $\frac{\gamma}{2g} v_0^2$ an der Heck-

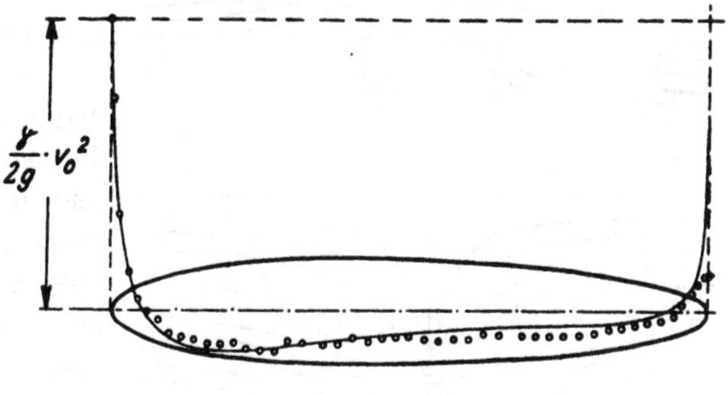

4*

spitze, der nur auf einer ganz kleinen Fläche, strenggenommen nur in einem Punkt wirken kann, ist die Übereinstimmung der theoretischen und der wirklichen Drucklinie als eine vollkommene zu bezeichnen. Die Flüssigkeit mit geringer Reibung, in unserem Falle Luft, umströmt daher den Luftschiffkörper genau so wie es die ideale Potentialströmung vorschreibt, d. h. derart, daß der Druckwiderstand verschwindet. Wir haben also bei der Bewegung ähnlich gestalteter Körper im wesentlichen nur noch mit dem Reibungswiderstand an der Oberfläche zu rechnen.

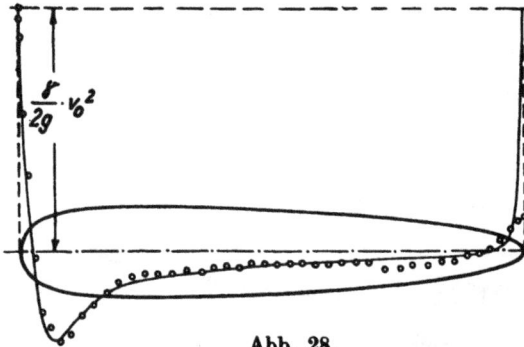

Abb. 28.

In den Abb. 26 bis 28 sind entsprechend den in Abb. 25 eingezeichneten Druckkräften die Überdrücke von der Luftschiffsachse aus nach oben, die Unterdrucke nach unten aufgetragen.

Das Ablösen der Grenzschicht und die damit verbundene Wirbelbildung wird bei diesen schlank gestalteten Körpern dadurch verhindert, daß die Geschwindigkeitsunterschiede und damit die Druckunterschiede an benachbarten Punkten einer Meridianlinie möglichst klein bleiben, da die Krümmungsänderungen ganz allmählich erfolgen. Diese Druckunterschiede aber sind es, die die Grenzschichtmassen gegeneinander in Bewegung setzen und durch Stauung zur Ablösung zwingen.

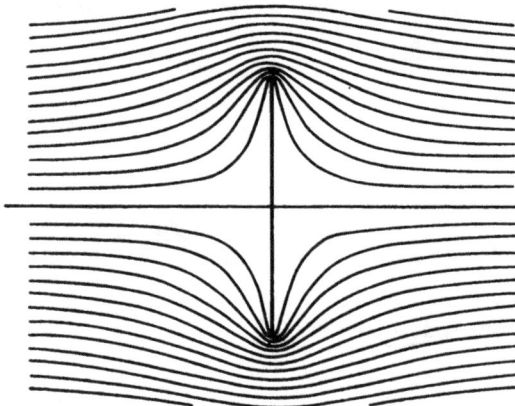

Abb. 29.

Die schärfste Richtungsänderung schreibt die Potentialströmung vor, wenn eine ebene Fläche senkrecht zu sich selbst durch die Flüssigkeit bewegt wird. Wir erhalten dann das theoretische Stromlinienbild Abb. 29 für den Fall der unendlich langen Fläche. Die Geschwindigkeit wird beim Umströmen der scharfen Kanten unendlich groß, der Druck daher nach der Bernoullischen Gleichung minus unendlich.

Es ist klar, daß bei diesem schroffen Übergang sich starke Wirbel an den Kanten ablösen müssen, die hinter der Fläche eine beträchtliche Ausdehnung annehmen werden, wie die Aufnahme von Ahl-

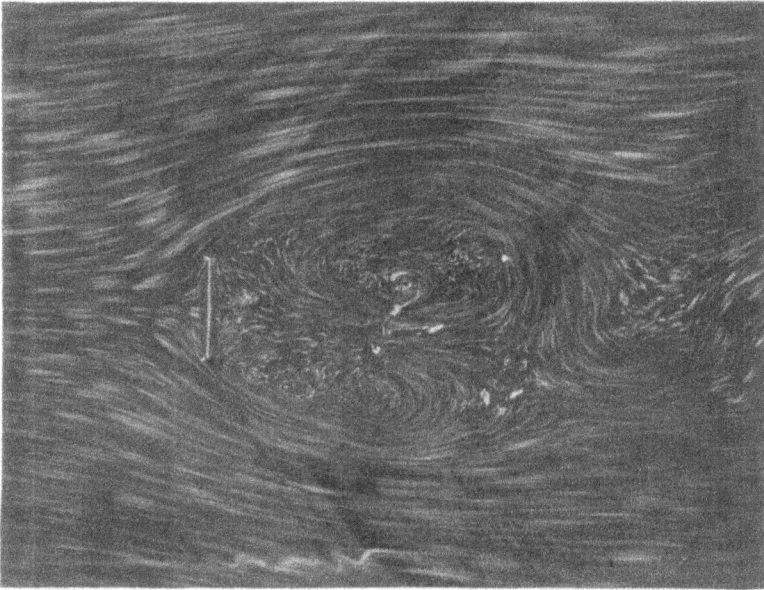

Abb. 30.

born Abb. 30 zeigt. In der Tat wird der Widerstand einer ebenen, etwa kreisförmigen Platte am größten, von allen Rotationskörpern gleichen Querschnittes, die wir in Richtung ihrer Rotationsachse

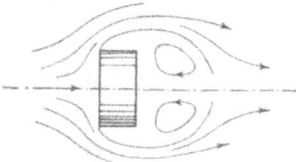
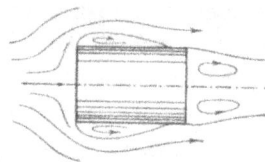

Abb. 31a.   Abb. 31b.

durch die Flüssigkeit bewegen, obwohl im Falle der Platte infolge ihrer geringen Dicke die Oberflächenreibung fast verschwindet.

So ist z. B. der Widerstand des Kreiszylinders Abb. 31a kleiner als der einer gleich großen Kreisfläche, und größer als der Widerstand des Zylinders Abb. 31b vom gleichen Querschnitt, obwohl

der letztere bei größerer Länge mehr Oberflächenreibung besitzt.
Die Druckunterschiede werden eben infolge des allmählicheren
Überganges an benachbarten Stellen der Oberfläche geringer. Na-
türlich darf die Länge des Körpers nicht allzusehr wachsen, da
sonst schließlich der Reibungswiderstand überwiegt, gegenüber dem
Druckwiderstand.

Je allmählicher und sanfter die Krümmungsänderungen der
Meridianlinie eines Körpers verlaufen, desto mehr nähert sich die

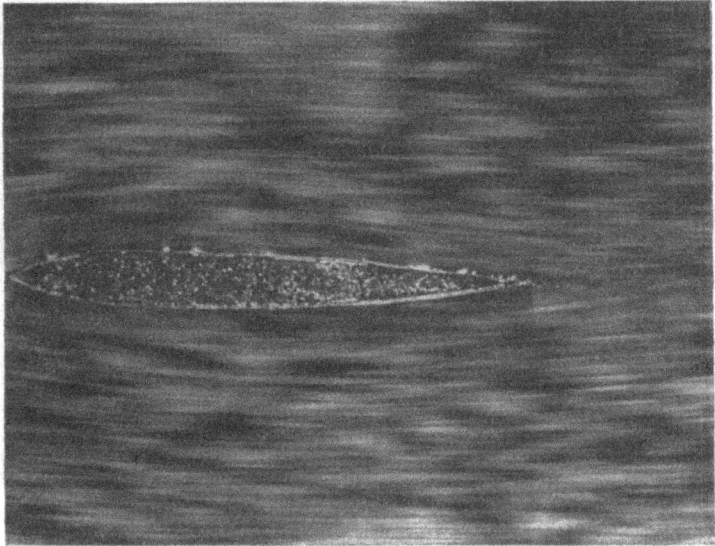

Abb. 32.

Strömung der widerstandslosen Potentialströmung. Diese sorg-
fältige Formgebung ist namentlich für das hintere Ende des Körpers von der größten Bedeutung. Es muß für allmählichen Aus-
lauf der Querschnitte bis auf Null gesorgt werden, um zu verhindern, daß eine der freien Strömung entgegengerichtete Bewegung
der Grenzschicht einsetzen kann. Wegen des maßgebenden Ein-
flusses, den die Gestalt des Körpers auf den Druckwiderstand besitzt, pflegt man diesen auch als „Formwiderstand" zu bezeichnen.

Die ebenfalls von Ahlborn stammende Aufnahme Abb. 32 zeigt
die Strömung um einen Luftschiffkörper, die sich am hinteren Ende
fast wirbellos zusammenschließt.

Ein sehr anschauliches Bild über den Einfluß der Form bieten
die in Abb. 33 von Dr. Schuster zusammengestellten Körper,

die mit Ausnahme der kleinen schraffierten Kreisfläche sämtlich
Rotationskörper darstellen. Alle diese Körper haben von rechts
nach links angeströmt genau den gleichen Widerstand. Besonders
lehrreich ist der Vergleich
der beiden zylindrischen
Körper, von denen der
eine an beiden Enden
durch Halbkugeln abge-
rundet ist, und nament-
lich der Vergleich zwi-
schen den beiden aus
Kegel und Halbkugel
zusammengesetzten Kör-

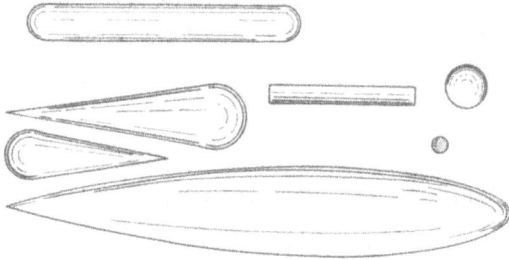

Abb. 33.

pern in bezug auf die Wirkung des Achterendes. Fast unglaublich
aber mag es erscheinen, daß der mächtige Luftschiffkörper trotz
großer Oberflächenreibung keinen größeren Widerstand besitzt als
die winzige kreisförmige Platte, die senkrecht in den Strom gestellt ist.

16. Der Satz von Gauß.

Wenn wir uns im Strömungsgebiete einen beliebig gestatteten
Raum abgegrenzt denken, so wird nach dem Kontinuitätsprinzip
pro Zeiteinheit ebensoviel Flüssigkeit aus einem Teile seiner Oberfläche ausströmen als in den übrigbleibenden Teil der Oberfläche
hineinfließt. In Abb. 34 sei df ein Teil-
chen dieser Oberfläche. An dieser Stelle
bildet der Geschwindigkeitsvektor v
irgend einen Winkel mit dem Flächenelemente. Für die aus diesem Flächenelemente ausströmende oder einströ-
mende Flüssigkeitsmenge kommt nur
die Projektion von v auf die zu diesem
Flächenelemente gezogene Normale $\mathfrak{N}$ in
Betracht. Bezeichnen wir den Winkel,

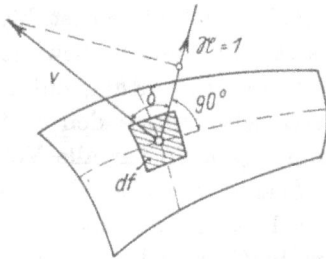

Abb. 34.

den der Geschwindigkeitsvektor v mit dieser Normalen einschließt,
mit δ, dann entströmt nach Abbildung dem Oberflächenelemente
eine Flüssigkeitsmenge $v \cos \delta \cdot df$.

Wenn wir nun ein für alle Male die Vereinbarung treffen, daß
wir unter δ stets denjenigen Winkel verstehen wollen, den der Geschwindigkeitsvektor v mit der nach der Außenseite des Raumes

gerichteten Normalen einschließt, dann ergibt sich für den Fall einer Einströmung derselbe Wert $v \cos \delta \cdot df$ jedoch mit negativem Vorzeichen.

Nach Abschnitt 3 strömt aus einem Raumelement pro Zeiteinheit mehr aus als ein, oder auch umgekehrt, das Flüssigkeitsvolumen:

$$\left(\frac{\partial v_1}{\partial x} + \frac{\partial v_2}{\partial y} + \frac{\partial v_3}{\partial z}\right) \delta x \, \delta y \, \delta z .$$

Integrieren wir über die Elemente unseres beliebig abgegrenzten Raumes, dann wird offenbar:

$$\iiint \left(\frac{\partial v_1}{\partial x} + \frac{\partial v_2}{d y} + \frac{\partial v_3}{\partial z}\right) \delta x \, \delta y \, \delta z = \int v \cos \delta \cdot df \quad \ldots 18$$

Dies ist der Satz von Gauß.

Auf der linken Seite der Gl. 18 steht ein Raumintegral, welches uns angibt die Differenz der aus dem abgegrenzten Raum ein- und ausfließenden Flüssigkeitsvolumina. Auf der rechten Seite steht das über die Oberfläche dieses Raumes erstreckte Flächenintegral, das die gleiche Bedeutung hat. Für den Fall der unzusammendrückbaren Flüssigkeit verschwindet nach der Kontinuitätsgleichung 2 der Klammerausdruck auf der linken Seite, womit das gesamte Raumintegral verschwindet. Es muß daher auch sein:

$$\int v \cos \delta \cdot df = 0 .$$

Da die Gleichheit der Integrale eine physikalische Selbstverständlichkeit darstellt, so ist hiermit für unsere Zwecke der Satz von Gauß physikalisch bewiesen.

Seiner Bedeutung entsprechend werde ich jedoch am Schlusse dieses Abschnittes den mathematischen Beweis dafür liefern, der dann allgemein für alle Vektorgrößen gilt. Setzen wir ein Raumelement $\delta x \delta y \delta z = \delta \tau$ und außerdem $\Re = 1$, verstehen also unter $\Re$ einen Einheitsvektor, der uns nur eine bestimmte Richtung angeben soll, dann schreibt sich der Satz von Gauß in Vektorform:

$$\int \operatorname{div} \mathfrak{v} \cdot \delta \tau = \int \mathfrak{v} \cdot \Re \cdot df \quad \ldots \ldots \ldots 18a$$

$\mathfrak{v} \cdot \Re = v \cos \delta \, N = v \cos \delta$, da die absolute Größe von $N = 1$ gesetzt wurde, heißt man das innere geometrische Produkt zweier gerichteter Größen. Wir verstehen darunter das algebraische Produkt aus der Projektion von v auf N und N, oder auch umgekehrt der Projektion von N auf v und v. Da $v \cos \delta \cdot N = N \cos \delta \cdot v$

ist, so kann auch geschrieben werden $\mathfrak{v} \cdot \mathfrak{N} = \mathfrak{N} \cdot \mathfrak{v}$. Das Ergebnis einer solchen inneren geometrischen Multiplikation stellt eine ungerichtete Größe dar. Wäre z. B. der Vektor an Stelle von v eine Kraft, so würde das innere geometrische Produkt mit N die Arbeit dieser Kraft bedeuten auf dem Wege N.

Wir werden mit der Projektion einer Geschwindigkeit auf eine Wegstrecke oder auf eine Flächennormale späterhin häufig zu tun haben, und das innere Produkt beider Vektoren bilden müssen. Ich werde mich dann meist der Vektorschreibweise bedienen, die durch die Verwendung deutscher Buchstaben zum Ausdruck kommt.

Ist die Flüssigkeit allseitig von festen Wänden eingeschlossen, an denen sie überall tangential fließen muß, so ist für alle Punkte der Begrenzungsfläche $\delta = 90^0$ oder $\cos \delta = 0$, womit das Flächenintegral auf der rechten Seite der Gl. 18 verschwindet. Schneiden wir nun aus einem völlig mit strömender Flüssigkeit erfüllten Kanal

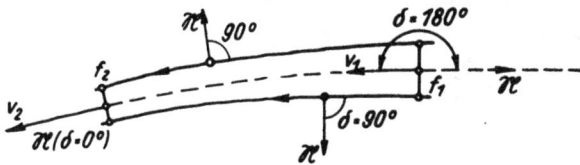

Abb. 35.

ein Stück mit den Endquerschnitten f_1 und f_2 heraus, nach Abb. 35, so verschwindet der über die Kanalwandung sich erstreckende Teil des Oberflächenintegrals wegen $\cos \delta = 0$ und es bleibt nur noch der sich auf die beiden Querschnitte erstreckende Teil der Oberfläche unseres abgegrenzten Raumes übrig. An dieser Betrachtung ändert sich nichts, wenn wir uns in der unbegrenzten Strömung den Kanal durch eine Stromröhre ersetzt denken, da nach der Definition der Stromröhre die Flüssigkeit an ihrer gedachten Wandung nur tangential fließen kann.

Es wird dann nach Abb. 35 das Oberflächenintegral über den Querschnitt f_1:

$$\int v_1 \cos \delta \cdot df_1 = - \int v_1 df_1,$$

da der Winkel der v_1 mit der nach außen gerichteten Normalen eines Flächenelementes überall $\delta = 180^0$ ist, daher $\cos \delta = -1$.

Für das Integral über den Querschnitt f_2 erhalten wir:

$$\int v_2 \cos \delta \cdot df_2 = \int v_2 df_2,$$

da der Winkel der v_2 mit der nach außen gerichteten Normalen eines Flächenelementes überall $\delta = 0$ ist, daher $\cos \delta = 1$.

— 58 —

Wir erhalten daher für das gesamte Oberflächenintegral, des durch eine Stromröhre und zweier ihrer Querschnitte abgegrenzten Flüssigkeitsraumes:

$$\int v \cos \delta \cdot df = \int v_2 df_2 - \int v_1 df_1 = 0$$

$$\text{oder } \int v_2 df_2 = \int v_1 df_1.$$

Für einen unendlich dünnen Stromfaden wird daraus: $v_1 df_1 = v_2 df_2$ oder allgemein $v df = $ Konstant. Dieses Ergebnis des Satzes von Gauß ist uns weiter nichts Neues. Es wird jedoch daraus noch geschlossen, daß in der inkompressiblen unbegrenzten Flüssigkeit eine Stromröhre weder anfangen noch enden kann. Sie muß aus dem Unendlichen kommen und dorthin gehen, sie kann allenfalls in sich zurücklaufen.

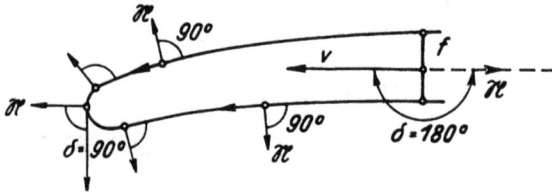

Abb. 36.

Würden wir einen Anfang oder ein Ende einer Stromröhre annehmen (s. Abb. 36), dann müßte dort an der Begrenzung das Oberflächenintegral wegen überall $\delta = 90^0$, also $\cos \delta = 0$ verschwinden, und es bliebe nur das Integral über die eine Querschnittsfläche f übrig, das natürlich nicht Null sein kann und womit das Kontinuitätsprinzip verletzt wäre.

Denken wir uns jedoch am Anfang oder am Ende einer nach Abb. 36 gedachten Stromröhre eine Quelle oder eine Senke, das ist ein Punkt, in dem pro Zeiteinheit ebensoviel Flüssigkeit aus dem Nichts heraus entspringt, oder anströmende Flüssigkeit spurlos versinkt, dann können wir uns theoretisch einen Anfang oder ein Ende einer Stromröhre wohl vorstellen. Derartige Quellen oder Senken gibt es freilich in der Wirklichkeit nicht, jedoch kann man von ihrer Annahme einen sehr fruchtbaren Gebrauch machen, zum Zwecke der Lösung hydrodynamischer Aufgaben.

So hat z. B. Fuhrmann durch geeignete Annahme von Systemen von Quellen und Senken die Potentialströmung um die in den Abb. 26 bis 28 gezeichneten Luftschiffkörper bestimmt, oder genauer, er hat für die so gewonnenen Strömungen die Form der die Strömung veranlassenden Körper erhalten.

Den wichtigen Satz von Gauß wollen wir nun auch mathematisch beweisen. Aus der Kontinuitätsgleichung 2 folgt durch

Integration über einen beliebig abgegrenzten Raum:

$$\iiint \left(\frac{\partial v_1}{\partial x} + \frac{\partial v_2}{\partial y} + \frac{\partial v_3}{\partial z}\right) dx\, dy\, dz = 0,$$

wobei dx, dy, dz den Rauminhalt eines Elementar-Rechtkantes darstellt, dessen Kanten bisher mit δx, δy, δz bezeichnet wurden, um eine Verwechselung mit den in der Zeit dt von einem Flüssigkeitsteilchen in den Richtungen der Koordinatenachsen zurückgelegten Wegen zu verhindern, eine Unterscheidung, auf die bei der Darstellung der Hydrodynamik oft keine Rücksicht genommen wird, und deren Vernachlässigung dem gründlicher denkenden Leser eines hydrodynamischen Lehrbuches oder dem Hörer einer Vorlesung über dieses Gebiet erhebliche Schwierigkeiten bereiten kann. Da die Gefahr einer solchen Verwechselung von

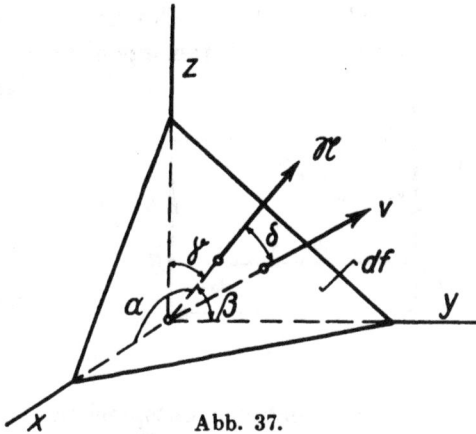

Abb. 37.

jetzt ab nicht mehr besteht, werde ich diese Unterscheidung fallen lassen.

Aus unserer letzten Gleichung ergibt sich durch partielle Integration:

$$\iint \left(dy\, dz \int \frac{\partial v_1}{\partial x}\, dx + dx\, dz \int \frac{\partial v_2}{\partial y}\, dy + dx\, dy \int \frac{\partial v_3}{\partial z}\, dz\right) = 0$$

oder $\iint (v_1\, dy\, dz + v_2\, dx\, dz + v_3\, dx\, dy) = 0$.

In Abb. 37 sei df ein beliebig orientiertes Element der Oberfläche eines abgegrenzten Raumes. Die Winkel, welche die nach außen gerichtete Normale auf das Flächenelement mit den Koordinatenachsen bildet, werden mit α, β, γ bezeichnet.

Die Projektionen des Elementes df auf die 3 Koordinatenebenen sind dann:

$$df \cdot \cos \alpha = \frac{1}{2}\, dy\, dz; \quad df \cdot \cos \beta = \frac{1}{2}\, dx\, dz; \quad df \cos \gamma = \frac{1}{2}\, dx\, dy.$$

Dies eingeführt in die letzte Gleichung liefert:

$$\int (v_1 \cos \alpha + v_2 \cos \beta + v_2 \cos \gamma)\, df = 0.$$

Nun ist aber $v_1 \cos \alpha + v_2 \cos \beta + v_3 \cos \gamma = v \cos \delta$, so daß sich ergibt:

$$\int v \cos \delta \cdot df = 0,$$

womit der Satz von Gauß streng bewiesen ist. Er gilt damit allgemein für jede Vektorgröße.

17. Die Theorie der hydrodynamischen Wirbelbewegung.

Die Stetigkeit der Geschwindigkeitsänderung an dem ebenen Elemente mit den Seitenlängen dx und dy in Abb. 38 hat zur Folge, daß die Geschwindigkeitskomponenten v_1 und v_2 im Punkte P in den Nachbarpunkten A und B angewachsen sind auf:

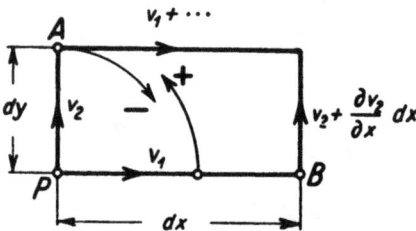

Abb. 38.

$$v_1 + \frac{\partial v_1}{\partial y} dy \quad \text{im Punkt } A$$

und

$$v_2 + \frac{\partial v_2}{\partial x} dx \quad \text{im Punkt } B.$$

Diesen Zunahmen entsprechen entgegengesetzt gerichtete Winkelgeschwindigkeiten der Endpunkte A und B um P. Wir wollen festsetzen, daß die Drehung im positiven Sinne erfolge, wenn sie im Uhrzeigersinne geht, sofern wir sie, von P aus in die positive Richtung der Z-Achse blickend, beobachten.

Wir erhalten dann für die Winkelgeschwindigkeiten der Rechteckseiten PA und PB entsprechend:

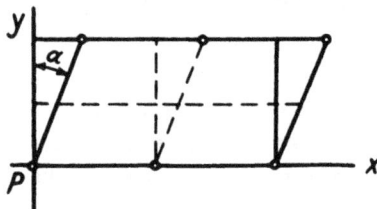

Abb. 39a.

$$-\frac{\partial v_1}{\partial y} \quad \text{und} \quad \frac{\partial v_2}{\partial x}.$$

Sie ergeben sich einfach durch Division der Geschwindigkeitszunahmen

$$\frac{\partial v_1}{\partial y} dy \quad \text{und} \quad \frac{\partial v_2}{\partial x} dx$$

der Punkte A und B mit den zugehörigen Radien dy und dx.

Die Folge davon ist eine Deformation des ebenen Flüssigkeitselementes, die in den Abb. 39a bis c skizziert ist. Es vollzieht sich nach dem Gesetze der Superposition eine Schiebung wie bei einem durch Schubspannungen beanspruchten Körper.

Abb. 39a zeigt die Formänderung infolge der Geschwindigkeitszunahme im Punkte A. Abb. 39b zeigt die resultierende Formänderung infolge der hinzukommenden Geschwindigkeitszunahme
im Punkte B. Die Rechteckseiten PA und PB haben sich dabei
entsprechend ihren Winkelgeschwindigkeiten um die Winkel α
und β gedreht. In Abb. 39c ist das deformierte Element mit der ursprünglichen Rechteckform zusammen gezeichnet. Daraus
geht hervor, daß die ursprünglichen Mittellinien des Rechteckes sich ebenfalls um die
Winkel α und β in entgegengesetztem Sinne gedreht haben.
Man spricht in diesem Falle
von einer drehenden oder wirbelnden Bewegung des Flüssig

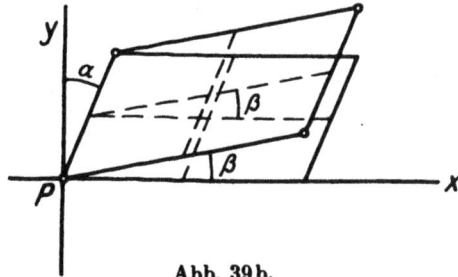

Abb. 39b.

keitselementes, unter der man sich im allgemeinen, wie aus den
Abb. 39a bis 39c hervorgeht, jedoch nicht eine Rotation des
Flüssigkeitselementes vorstellen darf, wie sie sich bei einem starren
Körper vollzieht.

Freilich ist diese Bewegung auch als Sonderfall in unseren Betrachtungen eingeschlossen, nämlich für den Fall, daß die beiden

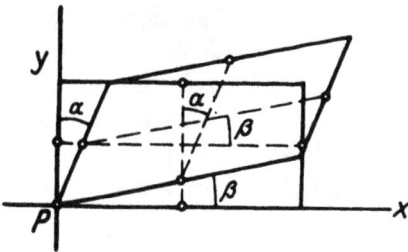

Abb. 39c.

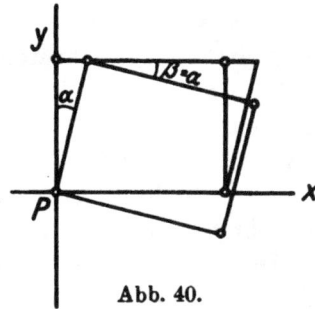

Abb. 40.

Winkelgeschwindigkeiten nach Größe und Drehsinn einander gleich
sind. In diesem Falle wird auch α = β und es vollzieht sich nach
Abb. 40 eine wirkliche Drehung des Elementes, eine Rotation wie
bei einem starren Körper, also ohne Änderung der Gestalt. Gehen
wir nun wieder zu unserer allgemeinen Betrachtung über.

Um ein Maß für diese zusammengesetzte, einer Drehung oder
Rotation um die z-Achse ähnlichen Bewegung des ebenen Flüssigkeitselementes zu erhalten, wollen wir die mittlere Winkelgeschwin

digkeit ansetzen. Wir erhalten dafür für das Flächenelement $dx\,dy$ in Abb. 38 die in Richtung der z-Achse aufzutragende mittlere Winkelgeschwindigkeit:

$$w_3 = \frac{1}{2}\left(\frac{\partial v_2}{\partial x} - \frac{\partial v_1}{\partial y}\right).$$

Für ein Raumelement erhalten wir entsprechend die 3 mittleren Rotationen:

$$\left.\begin{aligned} w_1 &= \frac{1}{2}\left(\frac{\partial v_3}{\partial y} - \frac{\partial v_2}{\partial z}\right)\\[4pt] w_2 &= \frac{1}{2}\left(\frac{\partial v_1}{\partial z} - \frac{\partial v_3}{\partial x}\right)\\[4pt] w_3 &= \frac{1}{2}\left(\frac{\partial v_2}{\partial x} - \frac{\partial v_1}{\partial y}\right) \end{aligned}\right\} \qquad \ldots\ldots\ldots 19$$

Um falsche Vorstellungen zu vermeiden, muß man im Auge behalten, daß diese durch die Theorie bestimmten Winkelgeschwindigkeiten im allgemeinen nicht einer wirklichen Drehung des Elementes entsprechen, mit Ausnahme des oben erwähnten Sonderfalles.

Die auf das Superpositionsgesetz gestützten Ansätze der Gl. 19 gestatten jedoch den Deformationsvorgang in einer mathematisch und mechanisch praktischen Form zu beschreiben.

Sind die beiden Winkelgeschwindigkeiten in der letzten der Gl. 19 einander gleich, doch von entgegengesetztem Drehsinne, dann verschwindet die mittlere Winkelgeschwindigkeit w_3 unseres in Abb. 39c gezeichneten Flächenelementes, und wir bezeichnen es dann als rotationslos, drehungs- oder wirbelfrei. In diesem Falle ist aber auch $\alpha = \beta$ geworden, und wir können daher auch sagen, ein ebenes Element ist drehungsfrei, wenn sich die eine Mittellinie des ursprünglichen Rechteckes um den gleichen Winkel nach rechts gedreht hat, wie die andere nach links.

Die 3 Winkelgeschwindigkeiten $w_1 w_2 w_3$ der Gl. 19 lassen sich als Vektorkomponenten zu einer resultierenden Rotation w zusammensetzen von der absoluten Größe:

$$w = \sqrt{w_1^2 + w_2^2 + w_3^2}.$$

In Vektorform schreibt man für die Gl. 19 einfach

$$\mathfrak{w} = \operatorname{curl} \mathfrak{v} \ldots\ldots\ldots\ldots 19a$$

oder

$$\mathfrak{w} = \operatorname{rot} \mathfrak{v} \ldots\ldots\ldots\ldots 19b$$

$\mathfrak{w}$ heißt der „Quirl", (curl = Quirl nach Maxwell) oder auch die „Rotation" des Geschwindigkeitsvektors $\mathfrak{v}$.

Wir nennen die Winkelgeschwindigkeit $\mathfrak{w}$ nach **Helmholtz** einen „**Wirbel**". Die resultierende Rotationsachse heißt „**Wirbelachse**". Die mittleren Winkelgeschwindigkeiten $w_1 w_2 w_3$ heißen die „**Wirbelkomponenten**", deren Wirbelachsen den 3 Koordinatenachsen parallel gerichtet sind. Das Element ist rotationslos oder wirbelfrei, wenn $\mathfrak{w} = 0$ oder rot $\mathfrak{v} = 0$ ist, d. h. wenn in den Gl. 19 $w_1 w_2 w_3$ verschwinden. Die Bedingungen dafür lauten:

$$\left.\begin{aligned}
\frac{\partial v_3}{\partial y} - \frac{\partial v_2}{\partial z} &= 0 \\[2mm]
\frac{\partial v_1}{\partial z} - \frac{\partial v_3}{\partial x} &= 0 \\[2mm]
\frac{\partial v_2}{\partial x} - \frac{\partial v_1}{\partial y} &= 0
\end{aligned}\right\} \quad \ldots \ldots \ldots \ldots 19c$$

In diesen Gleichungen erkennen wir aber genau unsere früheren Gl. 10, wieder, welche die mathematischen Bedingungen dafür darstellten, daß ein Geschwindigkeitspotential für die Strömung existiert.

Daraus folgt, daß in einer Potentialströmung keine Elementarrotationen auftreten können, daß also eine Potentialströmung stets wirbelfrei sein muß.

Es gibt nun ein sehr einfaches Mittel, um festzustellen, ob in einer strömenden Flüssigkeit wirbelnde Elemente vorhanden sind oder nicht. Zu diesem Zwecke zieht man um das wirbelverdächtige Gebiet eine beliebige in sich geschlossene Kurve, und bildet für jedes Linienelement ds das innere Produkt mit der an dieser Stelle herrschenden Geschwindigkeit v. Ist α der Winkel, den die Geschwindigkeit mit ds bildet, so erhalten wir dafür $v \cos \alpha ds$, in Vektorform kurz $\mathfrak{v} \cdot d\mathfrak{s}$. Bildet man nun das Linienintegral aller $\mathfrak{v} \cdot d\mathfrak{s}$ indem man, von einem beliebigen Punkte ausgehend, die ganze Kurve durchläuft bis man wieder am Ausgangspunkte angelangt ist, so wird dieses Integral einen bestimmten Wert haben, den wir „Zirkulation" nennen wollen. Wir bezeichnen sie mit Γ. Es ist also:

$$\int_0^0 \mathfrak{v} \cdot d\mathfrak{s} = \Gamma \quad \ldots \ldots \ldots \ldots 20$$

Es läßt sich nun beweisen, daß der von der Kurve eingeschlossene Teil der Strömung wirbelfrei ist, wenn die Zirkulation verschwindet, wenn also

$$\int_0^0 \mathfrak{v} \cdot d\mathfrak{s} = 0 \quad \ldots \ldots \ldots \ldots 20a$$

Wäre v ein Kraftvektor, dann hätte das Linienintegral eine einfache mechanische Bedeutung, indem es nämlich dann die Arbeit darstellen würde, die von einem Massenpunkt beim Durchlaufen der Kurve in einem Kraftfelde zu leisten wäre.

In der Tat nennt man auch in der Theorie der Kraftfelder ein Kraftfeld wirbelfrei, wenn $\int\limits_{0}^{0} \mathfrak{P} \cdot d\mathfrak{s}$ über eine geschlossene Linie verschwindet, in vollständiger Analogie mit dem Geschwindigkeitsfeld einer hydrodynamischen Strömung.

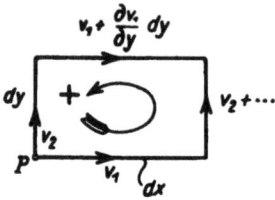

Abb. 41.

Berechnen wir zunächst diese Zirkulation für ein ebenes Element von rechteckiger Gestalt mit den parallel den Koordinatenachsen orientierten Seiten dx und dy, indem wir den Umfang des Rechteckes vom Anfangspunkte P aus durchlaufen, im Sinne des Uhrzeigers, gesehen von P aus in der positiven Richtung der z-Achse (s. Abb. 41.) Es wird dann:

$$\int\limits_{P}^{P} \mathfrak{v} \cdot d\mathfrak{s} = v_1\, dx + \left(v_2 + \frac{\partial v_2}{\partial x}\, dx\right)dy - \left(v_1 + \frac{\partial v_1}{\partial y}\, dy\right)dx - v_2\, dy,$$

wobei natürlich das negative Vorzeichen einzuführen ist, wenn die Geschwindigkeit der Umlaufsrichtung entgegengerichtet ist, entsprechend der Arbeit einer Kraft. Nach Zusammenfassung erhalten wir für die Zirkulation des Elementes senkrecht zur Z-Achse:

$$(z) \int\limits_{P}^{P} \mathfrak{v} \cdot d\mathfrak{s} = \left(\frac{\partial v_2}{\partial x} - \frac{\partial v_1}{\partial y}\right)dx \cdot dy$$

und entsprechend senkrecht zur y- und x-Achse:

$$(y) \int\limits_{P}^{P} \mathfrak{v} \cdot d\mathfrak{s} = \left(\frac{\partial v_1}{\partial z} - \frac{\partial v_3}{\partial x}\right)dx\, dz,$$

$$(x) \int\limits_{P}^{P} \mathfrak{v}\, d\mathfrak{s} = \left(\frac{\partial v_3}{\partial y} - \frac{\partial v_2}{\partial z}\right)dy\, dz.$$

Ersetzen wir die Klammerausdrücke durch die in den Gl. 19 dafür gegebenen Winkelgeschwindigkeiten, so können wir die drei Linienintegrale auch schreiben:

$$\text{(x)} \int_P^P \mathfrak{v} \cdot d\mathfrak{s} = 2 w_1 \, dy \, dz$$

$$\text{(y)} \int_P^P \mathfrak{v} \cdot d\mathfrak{s} = 2 w_2 \, dx \, dz \qquad \cdots \cdots \cdots 21$$

$$\text{(z)} \int_P^P \mathfrak{v} \cdot d\mathfrak{s} = 2 w_3 \, dx \, dy$$

Diese Linienintegrale verschwinden, wenn $w_1 = w_2 = w_3 = 0$ wird, und damit ist nach den Gl. 19c die Bewegung wirbelfrei, was zu beweisen war. Freilich ist der Beweis zunächst nur erbracht, für eine besondere Form der Umschließungskurve, und für ein unendlich kleines Flächenelement.

Es ist aber leicht, diesen Beweis auszudehnen auf eine beliebig gestaltete Umgrenzungslinie, die ein endliches Gebiet umschleßt.

Aus den Gl. 21 ersehen wir auch, daß die Zirkulation der umschlossenen Fläche $df = dx \cdot dy$ proportional ist. Es wird sich zeigen, daß diese Proportionalität nicht nur in diesem besonderen Falle besteht, sondern in allen beliebigen Fällen.

Nun berechnen wir noch die Zirkulation um ein rechtwinkeliges Dreieck, dessen Katheten

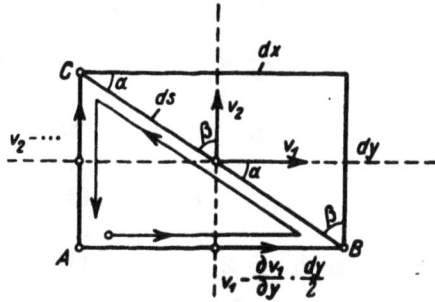

Abb. 42.

parallel zur x- und y-Achse liegen. Die Dreieckslinie werde wieder in der positiven Richtung $ABCA$ durchlaufen (s. Abb. 42). Es wird dann:

$$\int_A^A \mathfrak{v} \cdot d\mathfrak{s} = \left(v_1 - \frac{\partial v_1}{\partial y} \cdot \frac{dy}{2} \right) dx - v_1 \cos \alpha \, ds + v_2 \cos \beta \, ds$$

$$- \left(v_2 - \frac{\partial v_2}{\partial x} \cdot \frac{dx}{2} \right) dy.$$

Setzen wir $\qquad \cos \alpha = \dfrac{dx}{ds} \quad$ und $\quad \cos \beta = \dfrac{dy}{ds},$

dann ergibt sich schließlich

$$\int_A^A \mathfrak{v} \cdot d\mathfrak{s} = \left(\frac{\partial v_2}{\partial x} - \frac{\partial v_1}{\partial y} \right) \frac{dx \, dy}{2}$$

und wenn wir wieder den Klammerausdruck nach der dritten der Gl. 19 ersetzen durch $2 w_3$ und die Fläche des umfahrenen Dreiecks $\frac{1}{2}\,dx\,dy = df$ einführen, dann wird:

$$\int_A^A \mathfrak{v}\cdot d\mathfrak{s} = 2w_3\,df \quad \ldots \ldots \ldots \ 21\text{a}$$

Also auch in diesem besonderen Fall ist die Zirkulation proportonal der umschlossenen Fläche. Sie verschwindet für $w_3 = 0$.

In Abb. 43 ist eine beliebige in sich geschlossene Kurve gezogen. Teilen, wir die von ihr begrenzte Fläche in lauter Flächenelemente

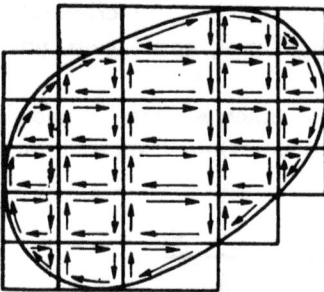

Abb. 43.

ein, dann erkennt man aus der Abbildung, daß sich die Linienintegrale von je 2 zusammenfallenden Seiten benachbarter Flächenelemente gegenseitig aufheben müssen, da sie gleiche absolute Größe und entgegengesetzte Vorzeichen besitzen. Es bleibt daher von der Summe der Zirkulationen um die Grenzlinien aller Flächenelemente bei stets gleichem Umlaufsinn nur noch die gesuchte Zirkulation um die Rand₁ kurve übrig, wie aus Abb. 43 ersichtlich ist.

Wenn wir also die Elementarzirkulationen berechnen können, dann ist uns auch die Zirkulation für eine beliebige Randkurve bekannt.

Bezeichnen wir die Elementarzirkulationen mit $c_1c_2c_3$ usw., dann erhalten wir für das Linienintegral der Umrandungskurve:

$$\int_0^0 \mathfrak{v}\cdot d\mathfrak{s} = \Gamma = c_1 + c_2 + c_3 + \cdots + c_n \quad \ldots \ldots \ 22$$

Sind alle Elemente drehungsfrei, dann wird $c_1 = c_2 = c_3 = \ldots = c_n = 0$, womit auch die Zirkulation um die Randkurve verschwindet. Dies gilt natürlich alles auch für beliebig gestaltete Flächenelemente. Unser Satz ist damit allgemein bewiesen.

Zum Schlusse leiten wir noch eine grundlegende Beziehung ab, der die Wirbelkomponenten unterworfen sind. Sie ergibt sich aus den Gl. 19. Wenn wir diese der Reihe nach partiell nach x, y, z differentieren, so wird:

$$\frac{\partial w_1}{\partial x} = \frac{1}{2}\left(\frac{\partial v_3}{\partial y\,\partial x} - \frac{\partial v_2}{\partial z\,\partial x}\right),$$

$$\frac{\partial w_2}{\partial y} = \frac{1}{2}\left(\frac{\partial v_1}{\partial z\,\partial y} - \frac{\partial v_3}{\partial x\,\partial y}\right),$$

$$\frac{\partial w_3}{\partial z} = \frac{1}{2}\left(\frac{\partial v_2}{\partial x\,\partial z} - \frac{\partial v_1}{\partial y\,\partial z}\right).$$

Durch Addition dieser 3 Gleichungen erhält man:

$$\frac{\partial w_1}{\partial x} + \frac{\partial w_2}{\partial y} + \frac{\partial w_3}{\partial z} = 0 \quad \ldots \ldots \ldots 23$$

oder
$$\operatorname{div} \mathfrak{w} = 0 \ldots \ldots \ldots 23\mathrm{a}$$

In Verbindung mit der Vektorgleichung 19a oder 19b schreibt man dafür auch:

$$\operatorname{div} \operatorname{curl} \mathfrak{v} = 0 \ldots \ldots \ldots 23\mathrm{b}$$

oder
$$\operatorname{div} \operatorname{rot} \mathfrak{v} = 0 \ldots \ldots \ldots 23\mathrm{c}$$

Es gilt somit für die Wirbelkomponenten die Kontinuitätsgleichung (s. Gl. 2) genau so wie für die Geschwindigkeitskomponenten.

Die stetig ineinander übergehenden Wirbelachsenelemente bilden eine Linie, die wir der Stromlinie entsprechend als „Wirbellinie" bezeichnen.

Legen wir senkrecht zu einer Wirbellinie ein kleines Flächenelement von beliebiger Form, und ziehen wir durch alle Punkte der Fläche die zugehörigen Wirbellinien, dann bildet die Gesamtheit dieser Wirbellinien einen „Wirbelfaden", die Oberfläche desselben eine „Wirbelröhre", in vollständiger Analogie mit „Stromfaden" und „Stromröhre".

18. Der Satz von Stokes.

Aus den Gl. 21 und 21a geht hervor, daß die Zirkulation proportional ist dem Inhalte df des umschlossenen Flächenelementes. Wir wollen nun dafür den allgemeinen· Beweis liefern für ein beliebig zu den Koordinatenachsen orientiertes Flächenelement df. Dieses bildet mit den Koordinatenebenen ein Tetraeder wie in Abb. 44 gezeichnet.

Umfahren wir vom Pole P ausgehend die Tetraederflächen in der eingezeichneten Weise, dann heben sich die Linienintegrale der

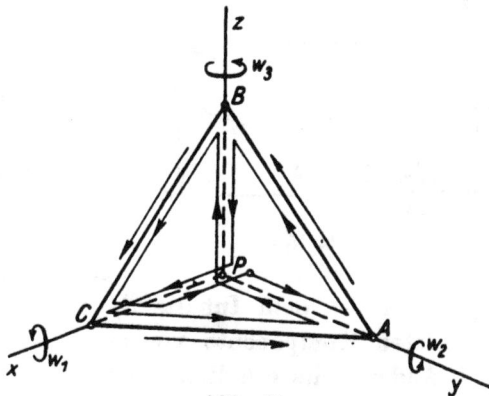

Abb. 44.

senkrecht aufeinander stehenden Tetraederkanten gegenseitig auf und es bleibt nur das Linienintegral oder die Zirkulation um die beliebig gelegte Dreiecksfläche df übrig.

Bezeichnen wir zur Abkürzung dieses Linienintegral mit $J(ABCA)$ dann ist nach Abb. 44:

$$J(ABCA) = J(PBCP) + J(PCAP) + J(PABP).$$

Fällen wir von P aus auf die Fläche des Dreieckes $ABC = df$ eine Senkrechte, die mit der x-, y-, z-Achse die Winkel α, β, γ bilden möge, dann sind die Dreiecksflächen:

$$PABP = df\cos\alpha = df_1,$$
$$PBCP = df\cos\beta = df_2,$$
$$PCAP = df\cos\gamma = df_3$$

als Projektionen des Dreieckes ABC auf die 3 Koordinatenebenen. Nach Gl. 21a sind die Zirkulationen um diese Dreiecksflächen:

$$J(PABP) = 2w_1\,df_1 = 2w_1\,df\cos\alpha,$$
$$J(PBCP) = 2w_2\,df_2 = 2w_2\,df\cos\beta,$$
$$J(PCAP) = 2w_3\,df_3 = 2w_3\,df\cos\gamma.$$

Daher wird die gesuchte Zirkulation um das Dreieck ABC:

$$J(ABCA) = \int_A^A \mathfrak{v}\,d\mathfrak{s} = 2w_1\,df\cos\alpha + 2w_2\,df\cos\beta + 2w_3\,df\cos\gamma$$

oder

$$\int_A^A \mathfrak{v}\,d\mathfrak{s} = 2(w_1\cos\alpha + w_2\cos\beta + w_3\cos\gamma)df.$$

Bedeutet δ den Winkel, den die Resultierende w der Wirbelkomponenten w_1, w_2, w_3 mit der Normalen auf das Flächenelement df bildet, dann können wir schließlich für das Linienintegral schreiben:

$$\int_A^A \mathfrak{v}\cdot d\mathfrak{s} = 2w\cos\delta\cdot df \;.\;\;.\;\;.\; 24$$

da die Projektion der Resultierenden gleich ist der Summe der Projektionen ihrer Komponenten.

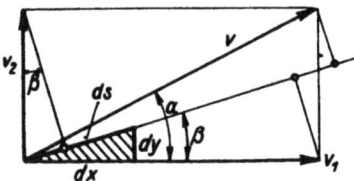

Abb. 45.

Aus der allgemeinen Gl. 24 geht hervor, daß die Zirkulation um das beliebig gelegte Flächenelement proportional ist dem Inhalte df und der senkrecht zur Fläche gerichteten Komponente von w.

Andererseits erhalten wir für das Linienintegral über ein Element $d\mathfrak{s}$ nach Abb. 45:

$$\mathfrak{v}\,d\mathfrak{s} = d\mathfrak{s}\cdot v\cos(\alpha-\beta) = v_1\cos\beta\,ds + v_2\sin\beta\,ds$$

$$= v_1\frac{dx}{ds}\,ds + v_2\frac{dy}{ds}\,ds = v_1\,dx + v_2\,dy$$

oder im Raume: $v\,d\mathfrak{s} = v_1\,dx + v_2\,dy + v_3\,dz$ und entlang einer geschlossenen Kurve von endlicher Ausdehnung von einem beliebigen Anfangspunkte bis zu diesem zurück:

$$\oint v\,d\mathfrak{s} = \oint (v_1\,dx + v_2\,dy + v_3\,dz) \ \ldots \ldots \ldots 25$$

Nach Gl. 22 war die Zirkulation um die Randlinie einer Fläche gleich der Summe der Zirkulationen um die Grenzen aller Flächenelemente, welche diese Randlinie umschließt.

In Gl. 24 haben wir die Zirkulation um ein im Raum beliebig gelagertes Flächenelement gefunden.

Es ist dann nach dem durch die Gl. 22 ausgesprochenen Satze die Zirkulation um die Berandungslinie einer endlichen Fläche nach den Gl. 24 und 25:

$$\oint (v_1\,dx + v_2\,dy + v_3\,dz) = 2\int w\cos\delta\cdot df \ \ldots \ldots 26$$

oder in Vektorform:

$$\oint v\,d\mathfrak{s} = 2\int \mathfrak{w}\cdot\mathfrak{N}\cdot df \ \ldots \ldots \ldots \ldots 26\,\mathrm{a}$$

wobei $\mathfrak{N}$ wieder den Einheitsvektor senkrecht zu einem Flächenelement bedeutet.

Dies ist der Satz von Stokes, durch den der Inhalt der Gl. 22) mathematisch formuliert wird.

Für den Fall des ebenen Problems (x-y-Ebene) lautet der Satz von Stokes:

$$\oint (v_1\,dx + v_2\,dy) = 2\int\int w_3\,dx\,dy\,,$$

denn es wird nun in Gl. 26) $v_3 = 0$ und an Stelle der allgemeinen Gl. 24 auf der rechten Seite des Stokesschen Satzes tritt jetzt die 3. der Gl. 21.

Da nach den Gl. 19

$$w_3 = \frac{1}{2}\left(\frac{\partial v_2}{\partial x} - \frac{\partial v_1}{\partial y}\right),$$

so schreibt sich damit jetzt der Satz von Stokes:

$$\oint (v_1\,dx + v_2\,dy) = \int\int \left(\frac{\partial v_2}{\partial x} - \frac{\partial v_1}{\partial y}\right)dx\cdot dy \ \ldots \ldots 27$$

wobei das Flächenintegral rechts über ein umgrenztes Stück der Ebene, das Linienintegral links über die Umgrenzungslinie zu erstrecken ist.

Wenden wir nun die allgemeine Form Gl. 26 des Satzes von Stokes an, auf irgend 2 geschlossene Kurven, die auf der Oberfläche einer Wirbelröhre gezogen sind (s. Abb. 46). Nach der Definition der Wirbelröhre muß für jeden Punkt ihrer Oberfläche $w \cos \delta$ verschwinden, da w überall nur tangential zur Oberfläche gerichtet sein kann. Es ist also stets $\delta = 90^0$ und $\cos \delta = 0$. Es verschwindet daher auch das Flächenintegral auf der rechten Seite der Gl. 26 und wir erhalten dann für das Linienintegral auf der linken Seite:

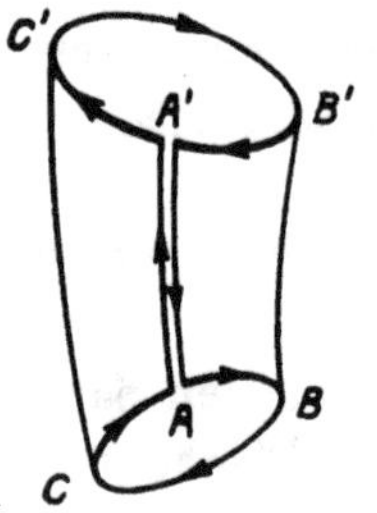

$$\int_A^A \mathfrak{v}\, d\mathfrak{z} = \oint (v_1\, dx + v_2\, dy + v_3\, dz) = 0.$$

Wenden wir nun dieses Ergebnis an auf die in Abb. 46 auf der Wirbelröhre gezeichnete geschlossene Linie, wobei die beiden geschlossenen Kurven ABC und $A'B'C'$ durch eine Doppellinie AA' zu einer einzigen geschlossenen Linie vereinigt sind, dann erhalten wir nach unserer früheren Schreibweise für das Linienintegral

$$J(ABCAA'C'B'A'A) = J(ABCA) + J(AA')$$
$$+ J(A'C'B'A') + J(A'A) = 0$$

und da

$$J(A'C'B'A') = -J(A'B'C'A')$$

und ferner

$$J(AA') + J(A'A) = 0,$$

so wird schließlich

$$J(ABCA) = J(A'B'C'A').$$

Die Zirkulation ist daher in allen geschlossenen Kurven gleich, welche dieselbe Wirbelröhre umschließen.

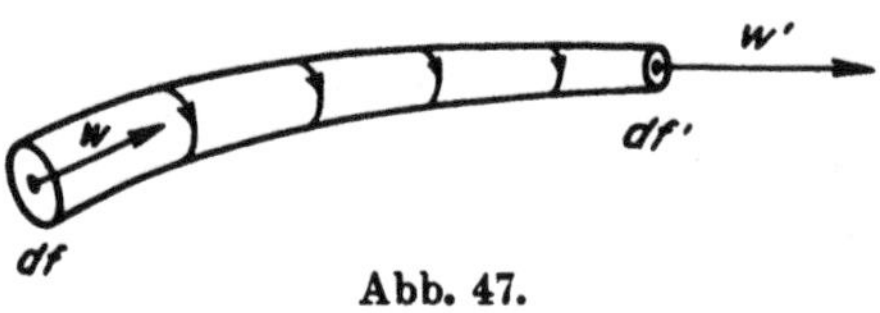

Ferner folgt aus Gl. 24

$$\oint \mathfrak{v}\, d\mathfrak{z} = 2w \cos \delta \cdot df$$

für die Zirkulation um den Rand eines Querschnittes des Wirbelfadens, wegen $\delta = 0$:

$$\oint \mathfrak{v}\, d\mathfrak{z} = 2w\, df,$$

wobei $w = \sqrt{w_1^2 + w_2^2 + w_3^2}$ und df die unendlich kleine Querschnittsfläche des Fadens bedeutet. Vereinigen wir die beiden Resultate, so ergibt sich nach Abb. 47 für beliebige Querschnitte:

$$w\, df = w'\, df'$$

oder auch

$$w\, df = \text{Konst.} \quad \ldots \ldots \ldots \ldots 28$$

Abb. 46.

Abb. 47.

d. h. das Produkt aus dem Querschnitt und dem Wirbel des Fadens, das „Wirbelmoment", ist längs des Fadens unveränderlich.

Das doppelte Produkt, die Zirkulation $\oint v\, d\mathfrak{s} = 2\, w\, df$, wird „Wirbelstärke" genannt.

Dieser Beweis stammt von Lord Kelvin. Der Satz selbst würde zuerst von Helmholtz gegeben, als Folge der Kontinuitätsgleichung 23.

Der Satz von Stokes nach den Gl. 25 und 26 einfach:

$$\oint v\, d\mathfrak{s} = \int 2 w \cos \delta\, df$$

kann nun auch wie folgt ausgesprochen werden: Die Zirkulation in einer geschlossenen Kurve ist gleich der Summe aller Wirbelstärken, welche sie umschließt.

Wenden wir nun schließlich noch den

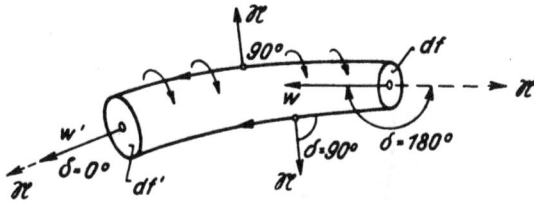

Abb. 48.

Satz von Gauß an auf die Kontinüitätsgleichung 23, so folgt:

$$\iiint \left(\frac{\partial w_1}{\partial x} + \frac{\partial w_2}{\partial y} + \frac{\partial w_3}{\partial z} \right) dx\, dy\, dz = \int w \cos \delta\, df = 0 .$$

Betrachten wir nun in Abb. 48 ein Stück eines Wirbelfadens, das begrenzt ist, durch 2 senkrecht zur Wirbelachse gelegte Querschnitte df und df', dann ist für diese Begrenzungsflächen

$$\cos \delta = \cos 180^0 = -1$$

und

$$\cos \delta = \cos \ \ 0^0 = +1$$

und an der ganzen übrigen Oberfläche des Fadens:

$$\cos \delta = \cos 90^0 = 0 .$$

Das Flächenintegral auf der rechten Seite des Gaußschen Satzes verschwindet daher über die ganze Mantelfläche des Wirbelfadens und es bleibt dafür nur noch übrig die Summe der Integrale über die beiden Querschnittsflächen allein. Daher wird:

$$\int w \cos \delta \cdot df = \int w'\, df' - \int w\, df = 0$$

oder $\qquad w\, df = w'\, df'$ oder $w\, df = $ Konst. 28

also dasselbe Ergebnis wie vorher. Es folgt hier darüber hinaus jedoch noch der Satz:

Ein Wirbelfaden kann nirgends innerhalb der Flüssigkeit anfangen oder endigen, sondern er muß sich bis an die Grenzen der Flüssigkeit erstrecken, oder er muß in sich ringförmig geschlossen sein.

Anderenfalls wäre die Kontinuitätsgleichung 23, d. h. div $w = 0$ verletzt, aus dem gleichen Grunde, wie dies im Abschnitt 16 für einen Stromfaden an der Hand der Abb. 36 bewiesen wurde.

Die vollständige mathematische Analogie zwischen dem Wirbelfaden und dem Stromfaden ist damit hergestellt.

19. Die Zirkulationsströmung um den Zylinder

Die Potentialströmung in konzentrischen Kreisbahnen um den unendlich langen Kreiszylinder nach Abb. 49 in der vollkommenen Flüssigkeit zeigt im Abstande x vom Zentrum der Bewegung eine Geschwindigkeit $v = \dfrac{w}{x}$, wenn w die Geschwindigkeit auf dem Kreise mit dem Radius $x = 1$ bedeutet, die nach Belieben gewählt werden kann. Die Geschwindigkeitsverteilung folgt also dem Gesetze einer gleichseitigen Hyperbel, da das Produkt $v \cdot x = w = $ Konst. in jedem Abstande x dasselbe bleibt (s. Abb. 49).

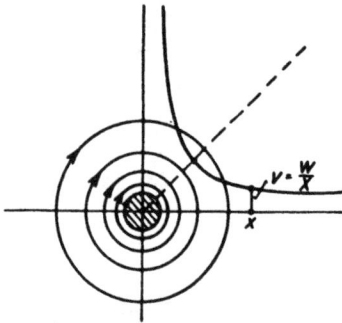

Abb. 49.

Die Stromlinien bilden konzentrische Kreise, deren Abstände voneinander sich mit der nach außen abnehmenden Geschwindigkeit immer mehr vergrößern, denn wir müssen das Stromlinienbild stets so zeichnen, daß durch jeden Querschnitt jeder Stromröhre in der Zeiteinheit die gleiche Flüssigkeitsmenge strömt. Anderenfalls gewinnen wir keinen Überblick über die Geschwindigkeitsverteilung im Strömungsfelde.

Wir können uns auch den Durchmesser des Zylinders unendlich klein denken und erhalten dann die Zirkulationsströmung um eine Gerade, oder in der Ebene um einen Punkt. Nach der eingangs erwähnten Geschwindigkeitsverteilung, deren Notwendigkeit für die Potentialströmung an anderer Stelle bewiesen wird, erhalten wir im Zentrum der Bewegung, also für $x = 0$ eine unendlich große Geschwindigkeit, während für unendlich werdenden Abstand x die Geschwindigkeit allmählich bis auf Null abfällt. Wir nennen eine solche Strömung einen „Stabwirbel".

Jede kreisende Strömung in der Atmosphäre folgt diesem Gesetze. Durch die beliebig zunehmenden Geschwindigkeiten mit der Annäherung an die Achse eines Stabwirbels erklärt sich die vernichtende Wirkung der gefürchteten Wirbelstürme, der Taifune und besonders der amerikanischen Tornados. Die Geschwindigkeitshyperbel in Abb. 49 erklärt auch die scharfen Grenzen, die der mit dem Winde ziehende Stabwirbel auf seinem Zerstörungswege zieht, denn es stehen theoretisch alle Geschwindigkeiten zur Verfügung, und zwar in zunächst scharfem Abfall, um dann ganz allmählich mit zunehmender Entfernung vom Wirbelzentrum abzuklingen. Es kann daher vorkommen, daß der einen Wald oder eine Ortschaft passierende Wirbel eine schmale Vernichtungsstraße zieht, an deren Grenzen Bäume oder Häuser völlig unversehrt stehen, obwohl sie teilweise schwächer sind als ihre unmittelbar daneben entwurzelt und zertrümmert liegenden Gefährten. Bei steil abfallender Hyperbel kann es vorkommen, daß die vor dem Wohnhause stehenden Bewohner beim Vorübergang einer Windhose keinen Wind verspürten, während die danebenstehende Scheune zusammenstürzte (Windhose bei Hainichen i. Sa. am 23. 4. 1800). Bei einer schwächeren Windhose beobachtet bei Stockholm am 4. 10. 1908 wurde ein Baum auf der einen Hälfte völlig entlaubt, während die der Trombe abgekehrte Seite unversehrt blieb.

Ich selbst beobachtete bei Kirchbrombach im Odenwald eine Windhose, die einen einzeln stehenden starken Apfelbaum zusammenstürzen ließ, während ich in 80 m Entfernung nur unmerklichen Wind verspürte. Der Baum war vollkommen gesund und der abgebrochene Stamm zeigte die typische Form des Torsionsbruches.

Bei Köslin in Pommern konnte ich in diesem Jahre die verheerende Wirkung eines Wirbelsturmes in einem hochstämmigen Kiefernwalde studieren. In der ca. 40 m breiten Zerstörungsstraße waren die starken Kiefern und dazwischen vorhandene Eichen entweder völlig entwurzelt, oder die Stämme waren in der verschiedensten Höhe über dem Erdboden abgedreht. Am Rande waren die gleich starken Bäume teilweise auf der Innenseite der Äste beraubt, sonst aber unversehrt.

Eine unendliche Geschwindigkeit, wie die Theorie sie im Zentrum erfordert, kann sich praktisch freilich nicht ausbilden, sondern es wird dort infolge des hohen Unterdruckes Sand, Wasser, Staub oder was gerade im Gelände vorhanden ist, oder auch nur Luft angesaugt, die einen zylindrischen Raum erfüllen, und innerhalb

desselben etwa so wie ein starrer Körper um die Wirbelachse rotieren. Je nach den angesaugten Massen, über Wasser oder Land,
sprechen wir von Wasser- oder Sandhosen. Abb. 50[1]) stellt eine 1905

Abb. 50.

auf dem Zuger See beobachtete Wasserhose dar nach einer Original-
aufnahme von Weiß.

Diesen axialen Raum, in dem abgeänderte Geschwindigkeitsverhältnisse herrschen, bezeichnen wir als den „Wirbelkern",

---

[1]) Aus Wegener, Wind- und Wasserhosen in Europa. Verlag Vieweg & Sohn
A.-G., Braunschweig.

den übrigen unbegrenzten Raum als „Wirbelfeld". Abb. 51a
zeigt die Geschwindigkeitsverhältnisse im Wirbelkern. Diesen mit
rotierenden Massenteilchen erfüllten Kern können wir uns auch

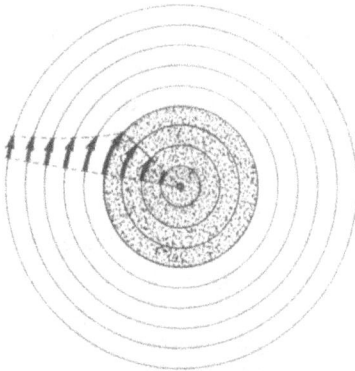 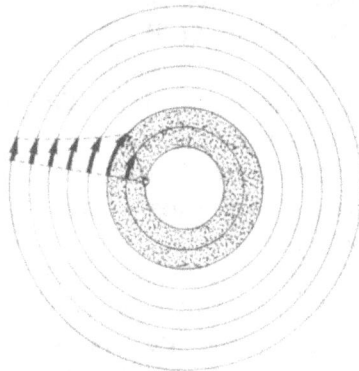

Abb. 51a.   Abb. 51b.

durch einen starren Zylinder ersetzt denken. Die theoretisch notwendige, unendlich große Geschwindigkeit ist dann praktisch ausgeschaltet (s. Abb. 51b).

Wir können eine solche Zirkulationsströmung erzeugen, wenn wir
das Wasser in einem zylindrischen Gefäß, welches in der Mitte des
Bodens eine Ausflußöff-
nung besitzt, mit der
Hand in Rotation ver-
setzen (s. Abb. 52). In der

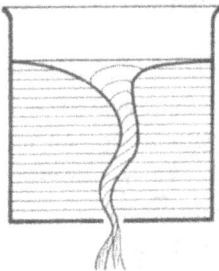 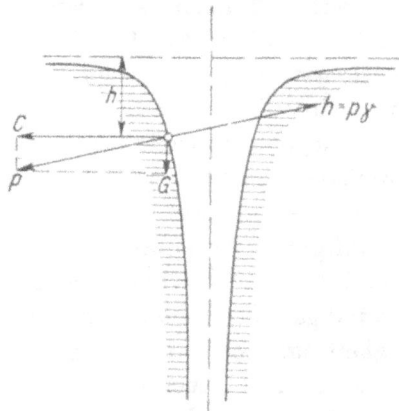

Abb. 52.   Abb. 53.

Nähe der Achse ist der Flüssigkeitsdruck nicht mehr in der Lage,
der dort herrschenden hohen Zentrifugalkraft das Gleichgewicht zu
halten, so daß ein wasserfreier Raum um die Achse entsteht, der
dem Kern des Wirbels entspricht. Die Gleichung, der diesen Hohl-
raum begrenzenden Kurve ergibt sich nach Abb. 53 aus der Be-

dingung, daß an jeder Stelle die Resultierende aus der Zentrifugalkraft und dem Gewichte eines Massenteilchens senkrecht zur Oberfläche des Rotationskörpers gerichtet und gleich dem statischen Flüssigkeitsdrucke ist.

Während große Wirbelstürme wie Taifune mit einigen Tausend Kilometern und Tornados mit einigen Hundert Kilometern Durchmesser sich nur in ihrer Wirkung, nicht aber dem Auge in ihrer Eigenschaft als Zirkulationsströmung zu erkennen geben, zeigen die schwächeren Wasser- oder Sandhosen schon deutlich die Kennzeichen dieser eigenartigen Bewegungsform, da ihr wirksamer Durchmesser kaum 100 m übersteigt und meist noch viel geringer ist. In den Straßen der Stadt kann man häufig sehr kleine, kaum mannshohe Staubhosen beobachten und feststellen, daß am Boden liegende Blätter, Papierschnitzel usw. in der Nähe des Wirbelkerns mit großer Geschwindigkeit kreisen, während Blätter in wenigen Schritten Abstand bereits durch die Bodenreibung festgehalten werden, oder nur noch geringe Geschwindigkeit besitzen. Auch die großen atmosphärischen Strömungen, die wir als barometrische Maxima und Minima täglich auf den Wetterkarten verzeichnet sehen und als Antizyklonen und Zyklonen bezeichnen, sind den Gesetzen der Zirkulationsströmung unterworfen.

Dem aufmerksamen Leser wird es bereits aufgefallen sein, daß die am Anfang dieses Abschnittes als Potentialströmung bezeichnete Zirkulationsströmung um den Zylinder späterhin ein Stabwirbel genannt wird, daß man von einem Wirbelfeld und einem Wirbelkern spricht, obwohl nach Abschnitt 17 auf Grund der Gl. 19c eine Potentialströmung stets wirbelfrei sein muß.

In der Tat hat diese scheinbar widerspruchsvolle Bezeichnungsweise häufig Mißverständnisse und falsche Vorstellungen veranlaßt. Die hier durch das Gesetz der gleichseitigen Hyperbel vorgeschriebene Geschwindigkeitsverteilung ist die einzige in der vollkommenen Flüssigkeit mögliche, die Strömung besitzt ein Potential und ist damit wirbelfrei. Auch Wasser und Luft als fast vollkommene Flüssigkeiten folgen ihr. Im täglichen Leben nennt man aber eine solche Bewegung einen Wirbel, und man hat diese Bezeichnung in der theoretischen Hydrodynamik beibehalten, und zwar ohne damit gegen die im Abschnitt 17 entwickelten Definitionen der Wirbelbewegung zu verstoßen. Dort ist der Begriff der wirbelnden oder drehenden Bewegung konzentriert auf ein Flüssigkeitselement. Wir verstanden darunter eine eigenartige, einer Drehung ähnliche

Formveränderung des Elementes, die nach den Gl. 19c in einer Potentialströmung unmöglich ist. Dies hindert jedoch nicht, daß die gesamte Strömung in kreisförmigen Bahnen, also rotierend, im landläufigen Sinne wirbelnd vor sich geht, denn jedes einzelne Flüssigkeitselement kann trotzdem drehungsfrei sein, wie für die vorliegende Strömung sofort bewiesen werden soll.

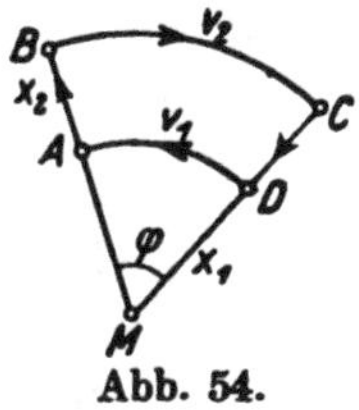

Abb. 54.

Nach Gl. 20a ist der von einer beliebigen Linie umschlossene Teil des Stromgebietes wirbelfrei, wenn das Linienintegral über die umschließende Kurve zu Null wird. Bilden wir zunächst das Linienintegral über ein Kreisringstück nach Abb. 54. Wir erhalten dann für die Zirkulation um die Linie $ABCDA$:

$$\Gamma = x_2 \varphi v_2 - x_1 \varphi v_1 .$$

Da das Linienintegral auf den radialen Strecken AB und CD zu Null wird, weil die Geschwindigkeit dort überall senkrecht zum Wege steht, kommen dafür nur die Kreisbogen in Betracht. Ersetzen wir die Geschwindigkeiten durch die zugehörigen Werte

$$v_1 = \frac{w}{x_1} \quad \text{und} \quad \frac{w}{x_2} ,$$

dann bleibt: $\qquad \Gamma = \varphi w - \varphi w = 0 .$

Da wir nach Abb. 55 stets die von einer beliebigen Kurve eingeschlossene Fläche, welche das Zentrum nicht enthält, in unendlich viele Kreisringstücke mit den Zentriwinkeln $d\varphi$ einteilen können, für deren jedes gilt $d\Gamma = 0$, so muß nach Gl. 22 auch die Zirkulation um die Kurve verschwinden. Es ist also stets $\oint v \cdot d\mathfrak{s} = 0$, womit die Strömung als wirbelfrei und damit als Potentialströmung erkannt ist.

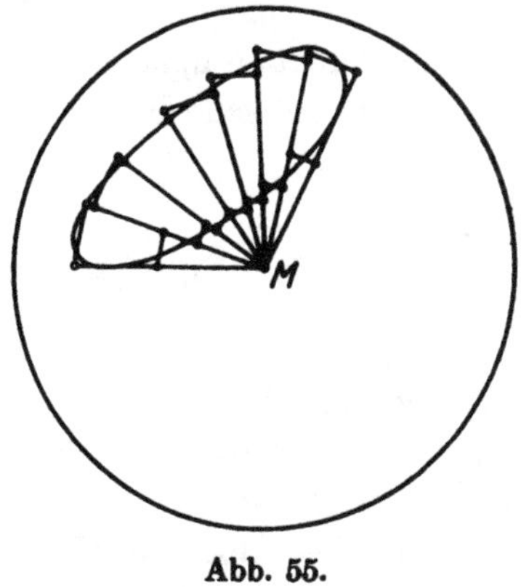

Ganz anders aber gestaltet sich die Sache, wenn wir die Linie so ziehen, daß sie das Zentrum umschlingt.

Abb. 55.

Am einfachsten bestimmen wir jetzt die Zirkulation um eine der kreisförmigen Stromlinien. Wir erhalten dann:

$$\Gamma = 2 x \pi \cdot v = 2 x \pi \cdot \frac{w}{x} = 2 \pi w = \text{Konstant}$$

für jede Stromlinie in irgend einem Abstande x. Es läßt sich leicht zeigen, daß dies auch für jede beliebige Kurve gilt, welche das Zentrum umschlingt oder es auch nur enthält. Für die Zirkulation um einen Kreisausschnitt nach Abb. 56 wird zunächst:

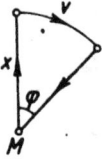

$$\Gamma = x\varphi \cdot v = x\varphi \cdot \frac{w}{x} = \varphi w,$$

also ebenfalls unabhängig vom Radius x. Die Zirkulation ist proportional dem Zentriwinkel.

Abb. 56.

Da nun die Fläche einer jeden beliebigen das Zentrum umschlingenden Kurve nach Abb. 57 in unendlich viele Kreisausschnitte mit dem Zentriwinkel $d\varphi$ eingeteilt werden kann, für welche gilt:

$$d\Gamma = d\varphi \cdot w,$$

so wird die Zirkulation um die ganze Kurve:

$$\Gamma = w \int_0^{2\pi} d\varphi = 2\pi w,$$

was zu beweisen war.

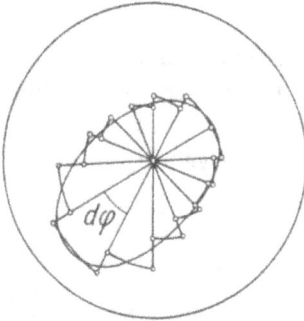

Daraus geht hervor, daß der Mittelpunkt der Strömung allein den Sitz eines Wirbels bildet, von der Stärke $2\pi w$, obwohl die Strömung selbst, das Wirbelfeld genannt, in ihren kleinsten Teilchen drehungsfrei oder wirbelfrei ist.

Abb. 57.

Diese Strömungsform bildet eine der wichtigsten Grundlagen für die theoretische Berechnung des Auftriebes der Tragflächen eines Flugzeuges.

20. Die Deformation der Elemente.

Es ist leicht die Formänderung der Flüssigkeitselemente bei unserer Zirkulationsströmung um den Zylinder graphisch zu ermitteln. In Abb. 58 sieht man die zunehmende Formveränderung eines Kreisausschnittes $ABCD$, der in vier einzelne Elemente zerlegt ist. Die Bogenstücke BC, $B'C'$, $B''C''$ und AD, $A'D'$ und $A''D''$ bleiben natürlich stets dieselben, jedoch fließen sie mit nach dem Mittelpunkte M andauernd zunehmender Geschwindigkeit, so daß die Deformation der dem Zentrum näherliegenden Elemente sehr schnell eine ganz beträchtliche wird.

Die Formänderung muß so vor sich gehen, daß die Kontinuitätsbedingung erfüllt ist, d. h. der Flächeninhalt eines Elementes muß
stets der gleiche bleiben. Betrachten wir in Abb. 59 das Element
$ABCD$, das nach einiger Zeit die Form $A'B'C'D'$ angenommen
haben möge. Teilen wir die beiden Vierecke durch die Diagonalen
AC und $A'C'$ in zwei Dreiecke ein, so wird das $\triangle A'B'C'$ dem ursprünglichen $\triangle ABC$ flächengleich sein, und ebenso das $\triangle A'C'D'$
dem $\triangle ACD$, da ihre Grundlinien einander gleich sind, nämlich
$B'C' = BC$ und $A'D' = AD$ und außerdem alle die gleiche Höhe dx

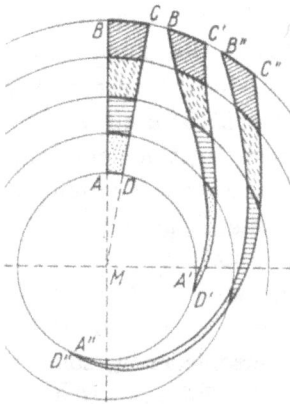

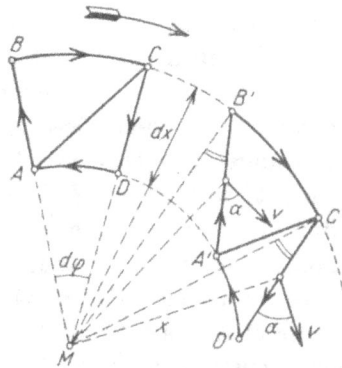

Abb. 58.   Abb. 59.

besitzen. Damit ist auch die Gesamtfläche des Elementes während
der Deformierung unverändert geblieben.

Auch die Zirkulation um den Umfang des Elementes bleibt stets
konstant gleich Null. Die Zirkulation auf den Strecken $B'C'$ und
$D'A'$ heben sich nach wie vor gegenseitig auf. Aber auch die Linienintegrale auf den Strecken $A'B'$ und $C'D'$ heben sich gegenseitig
auf. Sie sind zwar nicht mehr gleich Null, wie in der Anfangs-
stellung. Da jedoch die bei B' und C' markierten Winkel aus geometrischen Gründen einander gleich sind, und daher auch $A'B' = C'D'$,
so ergibt sich für die Linienintegrale $C'D' \cdot v \cos \alpha - \overline{A'B'} \cdot v \cos \alpha = 0$,
womit wieder die gesamte Zirkulation um das deformierte Element
verschwindet.

Aus demselben Grunde bleibt auch die Zirkulation um jede beliebige Kurve während des Fließens konstant gleich Null, die eine
endliche Fläche umschließt, sofern sie den Mittelpunkt M, den Sitz

des Wirbels nicht enthält, denn wir können die Fläche jederzeit in unendlich viele Kreisausschnitte einteilen.

Es ist auch leicht einleuchtend, daß die flüssige geschlossene Linie während der mit dem Fließen verbundenen Gestaltsänderung dauernd aus denselben Flüssigkeitsteilchen besteht und stets die gleichen Flüssigkeitsteilchen einschließt.

Daher gilt nach dem Satze von Thomson: Die Zirkulation längs einer flüssigen Linie ist zeitlich konstant. Ist also die Zirkulation von Anfang an von Null verschieden, dann behält sie ihren Wert während des Fließens unverändert bei.

Im letzteren Falle handelt es sich natürlich nicht mehr um eine Potentialströmung, sondern um eine drehende Strömung, d. h. die kleinsten Teilchen sind nicht mehr drehungsfrei. Dieser Fall liegt stets vor, wenn die Geschwindigkeit der kreisförmigen Stromlinien nicht mehr dem Gesetze $vx = $ Konst. folgt, sondern irgend einem anderen Gesetze. Der Beweis des Satzes von Thomson für eine nicht wirbelfreie Zirkulationsströmung folgt aus Abb. 59 aus den gleichen Gründen wie vorher, denn nach welchem Gesetze die Geschwindigkeit sich auch ändern möge, stets bleibt die Summe der Linienintegrale $\overline{A'D'}\, v \cos \alpha - \overline{A'B'}\, v \cos \alpha = 0$ und es bleibt jetzt nur noch die Summe der von Null verschiedenen, sonst aber zeitlich konstant bleibenden Linienintegrale $\overline{B'C'}\, v_2 - \overline{D'A'}\, v_1$ als Zirkulation um das Element übrig. v_2 und v_1 bedeuten dabei die Geschwindigkeiten auf dem äußeren und dem inneren Kreis der Abbildung.

Bewegt sich die Flüssigkeit wie ein starrer Körper um das Zentrum, d. h. die Geschwindigkeit folgt dem Gesetze $v = xw$, wobei w wieder die Geschwindigkeit im Abstande $x = 1$ bedeutet, dann wird die Zirkulation um eine kreisförmige Stromlinie: $\varGamma = 2x\pi \cdot v = 2x^2\pi w = 2fw$. Sie ist also gleich dem doppelten Produkt aus der Winkelgeschwindigkeit und der eingeschlossenen Kreisfläche, in Übereinstimmung mit den Vorschriften der Gl. 21 und 21a.

Für die Zirkulation um ein Element $ABCD$ nach Abb. 59 erhalten wir jetzt:

$$d\varGamma = d\varphi\left(x + \frac{dx}{2}\right)^2 w - d\varphi\left(x - \frac{dx}{2}\right)^2 w = 2\,x\,d\varphi\,dx\cdot w = 2df\cdot w,$$

also wieder proportional dem doppelten Produkt aus der Winkelgeschwindigkeit und der eingeschlossenen Fläche df.

Für eine beliebige geschlossene Kurve erhalten wir daher wieder durch Einteilung der umschlossenen Fläche in Elemente:

$$\Gamma = \oint \mathfrak{v} \cdot d\mathfrak{s} = 2 \int w$$

oder auch durch Integration der vorausgehenden Gleichung:

$$\Gamma = 2 w \int df = 2 \int w.$$

Wie man auch eine Linie ziehen mag, die Zirkulation ist stets von Null verschieden. Das Element $ABCD$ rotiert in diesem Sonderfalle ohne Formveränderung mit der Winkelgeschwindigkeit w.

Eine Wirbelröhre, die man durch den Umfang des Elementes $ABCD$ legt, steht senkrecht auf der Ebene der Stromlinien. Sie besitzt das konstante Wirbelmoment $w \cdot df$ nach Gl. 28 und die Wirbelstärke $2 w df$.

Eine Strömung dieser Art können wir im wesentlichen erzeugen, wenn wir ein zylindrisches Gefäß mit einer Flüssigkeit von geringer Reibung um seine Achse rotieren lassen. Am Anfang bleibt die Flüssigkeit in Ruhe. Allmählich aber wird durch die noch so geringe Reibung die gesamte Flüssigkeitsmasse nach den Gesetzen der Grenzschicht in Rotation geraten, etwa wie ein starrer Körper. Um diese Bewegung möglichst genau zu erzielen, müssen wir die freie Oberfläche der Flüssigkeit durch eine feste Ebene begrenzen. Anderenfalls bildet sich bekanntlich die freie Oberfläche als Rotationsparaboloid aus (s. Abb. 60).

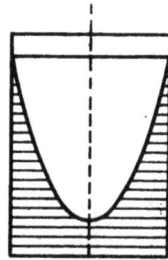

Abb. 60.

Die gleiche Strömungsform mit der Geschwindigkeitsverteilung $v = x \cdot w$ haben wir vermutlich nach Abb. 51a ziemlich genau im Kern einer Sand- oder Wasserhose, oder am Rande eines Zylinders in der Potentialströmung nach Abb. 51b infolge der Grenzschicht, die in der Abbildung als wirbelnde Schicht punktiert angedeutet ist. In der Grenzschicht vollzieht sich der

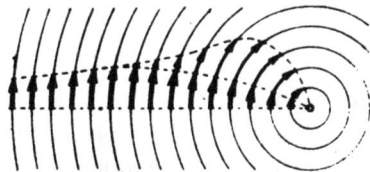

Abb. 61.

Übergang von der Geschwindigkeit Null der am Körper haftenden Schicht bis zur Geschwindigkeit der freien, hyperbolisch abfallenden Potentialströmung. Freilich bleibt der Zustand der Grenzschicht im Falle der Abb. 51b nicht stationär, sondern der Wirbelkern wird sich nach Abb. 61 mit Hilfe der Flüssigkeitsreibung immer mehr und mehr auszubreiten suchen.

Zum Schlusse dieses Abschnittes untersuchen wir die ebenfalls durch Reibung hervorgerufene Bewegung in der Grenzschicht.

Denken wir uns nach Abb. 62 eine reibende Flüssigkeit eingeschlossen zwischen zwei ebene parallele Wände, von denen die untere ruht, die obere dagegen mit der Geschwindigkeit v bewegt wird. Infolge des Haftens der unmittelbar an die Wände grenzen-

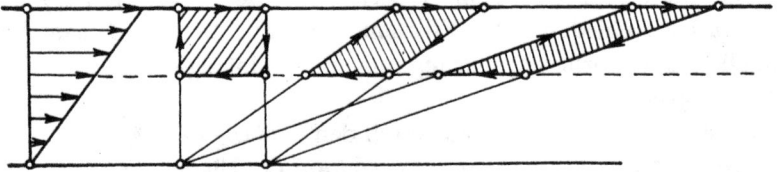

Abb. 62.

den Flüssigkeitsschicht wird die Geschwindigkeit der Parallelströmung im wesentlichen nach dem Gesetze einer geraden Linie von Null bis auf v zunehmen müssen. Die Deformation eines rechteckigen Elementes ist leicht zu verfolgen. Das Kontinuitätsprinzip ist nach Abbildung ohne weiteres erfüllt, da das fließende Parallelogramm stets gleiche Grundlinie und gleiche Höhe behält, womit

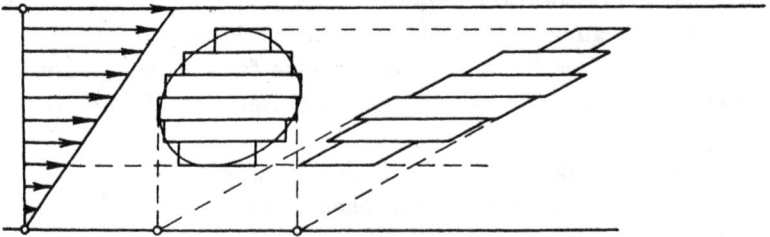

Abb. 63.

die von der flüssigen Linie umschlossene Fläche konstant bleibt. Die Strömung ist eine drehende, wie alle durch Reibung hervorgerufenen Flüssigkeitsbewegungen. Die Zirkulation um ein Element ist also von Null verschieden. Für das rechteckige Element in Abb. 62 wird sie gleich $a\,(v-v')$, wenn a die Länge der horizontal gerichteten R chteckseiten und v und v' die dazugehörigen Geschwindigkeiten bedeuten. Nach dem Satze von Thomson bleibt diese Zirkulation während des Fließens konstant, wie aus Abbildung leicht ersichtlich ist, denn es kommt stets nur der Unterschied der horizontalen, immer gleich großen Linienintegrale dafür in Betracht,

da die Linienintegrale über die schräg liegenden Parallelogrammseiten sich gegenseitig aufheben. Daß die flüssige Linie stets die
gleichen Flüssigkeitsteilchen umschließt, und selbst immer aus den
gleichen Flüssigkeitsteilchen besteht, leuchtet ohne weiteres ein,
ebenso daß diese Betrachtungen ausnahmslos gültig bleiben, wenn
wir eine beliebige geschlossene Kurve ziehen und deren Formänderung und Zirkulation im Laufe der Strömung verfolgen, denn
nach Abb. 63 läßt sich die von der Kurve umschlossene Fläche
in unendlich schmale Rechteckstreifen einteilen, deren Zirkula-
tionssumme die Zirkulation um die Kurve liefert.

21. Die Überlagerung ebener Stromsysteme.

Wenn auf ein Flüssigkeitsteilchen zwei oder mehrere Geschwindigkeiten gleichzeitig einwirken, so ergibt sich seine resultierende
Geschwindigkeit durch
Zusammensetzung der
Geschwindigkeitskom-
ponenten nach dem
Parallelogrammgesetz.
Es läßt sich nun
zeigen, daß Strom-
systeme in der glei-
chen Weise zu einem re-
sultierenden Stromsy-
stem zusammengesetzt
werden können, der-
art, daß das gewon-
nene Stromlinienbild
nicht nur die resul-

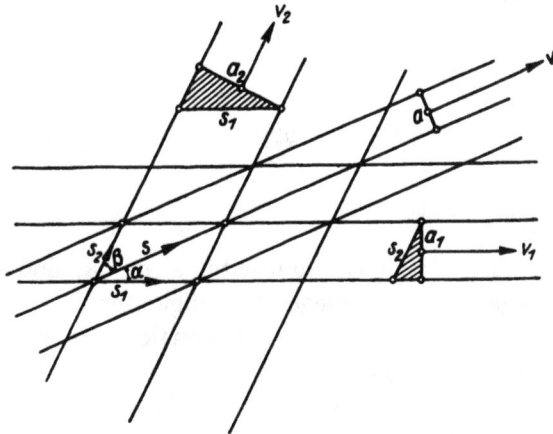

Abb. 64.

tierenden Stromlinien angibt, sondern daß auch der senkrechte Abstand zweier unmittelbar nebeneinander liegenden Stromlinien an
jeder Stelle umgekehrt proportional der dort herrschenden Strömungsgeschwindigkeit ist. Dies setzt freilich voraus, daß die zu überlagernden Systeme im gleichen Maßstabe gezeichnet sind, d. h.
daß durch jeden Querschnitt überall pro Zeiteinheit die gleiche
Flüssigkeitsmenge strömt.

Der Einfachheit halber betrachten wir nach Abb. 64 zwei stationäre Parallelströmungen mit den Geschwindigkeiten v_1 und v_2.
Die Abstände der Stromlinien müssen so gewählt werden, daß

6*

$a_1 v_1 = a_2 v_2$ ist, wobei a_1 und a_2 den Abstand der Stromlinien oder den rechteckigen Querschnitt der Stromröhren von einer Höhe gleich der Längeneinheit bezeichnet.

Diese beiden Stromliniensysteme bilden zusammen lauter Parallelogramme, von denen eines in der Abbildung durch Markierung der Eckpunkte hervorgehoben ist.

Das resultierende Stromliniensystem erhält man nun sehr einfach dadurch, daß man überall entsprechend den Strömungsrichtungen die Diagonalen zieht. Der sich ergebende Abstand a der Stromlinien der resultierenden Parallelströmung muß umgekehrt proportional sein der durch Zusammensetzung der Geschwindigkeitskomponenten v_1 und v_2 sich ergebenden resultierenden Geschwindigkeit v. Es ist also zu beweisen, daß $av = a_1 v_1 = a_2 v_2$ ist.

Die zusammen zu setzenden Stromliniensysteme bilden nach Abb. 64 Parallelogramme mit den Seiten s_1 und s_2. Es ist nun nach den in Abbildung schraffiert gezeichneten ähnlichen Dreiecken:

$$\frac{a_1}{a_2} = \frac{s_2}{s_1}.$$

Da nach Voraussetzung $\dfrac{a_1}{a_2} = \dfrac{v_2}{v_1}$ ist, so ist auch

$$\frac{s_2}{s_1} = \frac{v_2}{v_1}.$$

Die Parallelogrammseiten s_1 und s_2 sind daher proportional den zugehörigen Stromgeschwindigkeiten.

Damit ist auch die Diagonale s proportional der resultierenden Geschwindigkeit v.

Nun ist weiter nach Abbildung $a = s_1 \sin \alpha = s_2 \sin \beta$, ferner $a_1 = s \cdot \sin \alpha$ und $a_2 = s \cdot \sin \beta$.

Daraus wird:

$$\frac{a}{a_1} = \frac{s_1}{s} = \frac{v_1}{v},$$

also ist auch: $av = a_1 v_1 = a_2 v_2$, was zu beweisen war.

Es ist klar, daß dieser Beweis auch gilt für beliebig krummlinig verlaufende Stromlinien, da wir unsere Betrachtung jederzeit beschränken können auf sehr kurze Strecken, für welche die zu überlagernden Teile der Stromliniensysteme mit ausreichender Genauigkeit als Parallelströmungen betrachtet werden können.

Wir können daher durch einfaches Ziehen der Diagonalen sofort aus zwei Stromsystemen das resultierende Stromsystem aufzeichnen.

Um ungenaue Vorstellungen zu vermeiden, muß man jedoch stets im Auge behalten, daß die Parallelogrammseiten und die resultierende Diagonale stets nur proportional den zugehörigen Strömungsgeschwindigkeiten sind, und daß der Maßstab dieser Proportionalität im allgemeinen von Ort zu Ort ein anderer wird.

Auf diese Weise ist das stark ausgezogene Stromlinienbild Abb. 65 gewonnen. Es ist entstanden durch Zusammensetzung

Abb. 65.

einer einfachen Parallelströmung und einer Zirkulationsströmung um einen Punkt. Die kreisförmigen Stromlinien der letzteren, sowie die alle in gleichen Abständen laufenden parallelen Geraden der ersteren sind schwach ausgezogen eingezeichnet. In der oberen Hälfte der Zeichnung erscheinen die Parallelen gekrümmt. Dies beruht jedoch nur auf optischer Täuschung, wovon man sich durch Anlegen eines Lineals überzeugen kann.

Man beachte die vollkommene Analogie der Strömung mit dem Kraftlinienbild eines stromdurchflossenen elektrischen Leiters, entsprechend der Achse der Zirkulationsströmung, zwischen den Polschuhen eines Magnetes.

Diese Strömung ist von großer flugtechnischer Bedeutung. Eine ebenso wichtige Strömung erhalten wir durch die Überlagerung der Stromlinien zweier gleich starker, entgegengestzt drehender

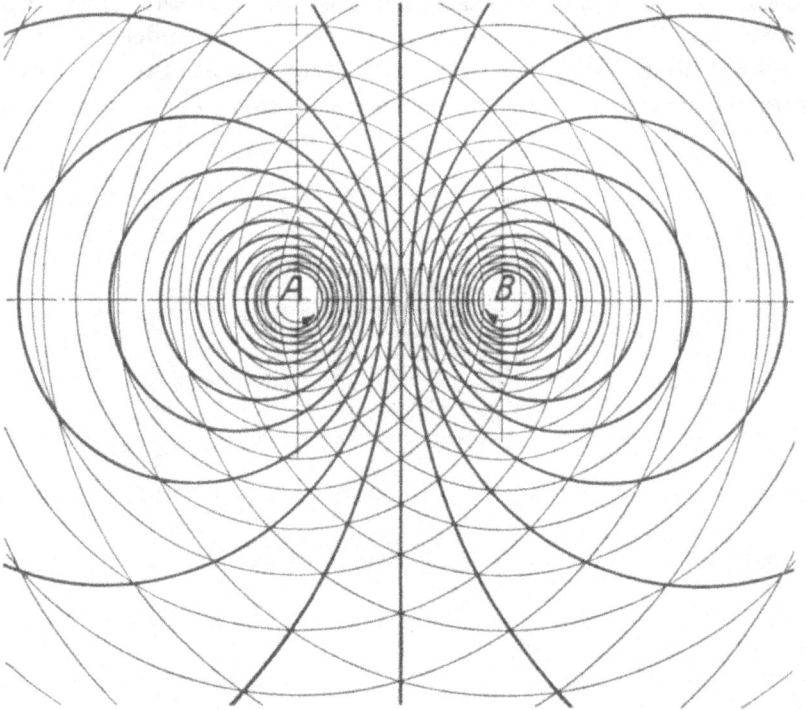

Abb. 66.

Stabwirbel. Die Methode des Diagonalziehens liefert das Strömungsbild der Abb. 66. Die resultierenden Stromlinien sind exzentrische Kreise, was auch rechnerisch leicht zu beweisen ist.

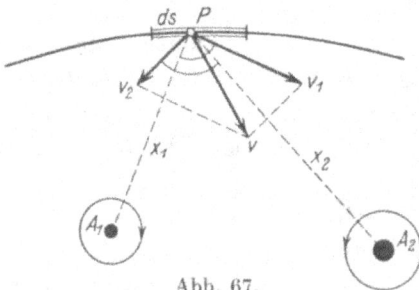

Abb. 67.

Die Überlagerung wirbelfreier Strömungen liefert stets wieder eine wirbelfreie resultierende Strömung. In Abb. 67 seien A_1 und A_2 die Achsen zweier Stabwirbel. Die Geschwindigkeit v der resultierenden Strömung in irgend einem Punkte P des Feldes ergibt sich als Resultierende der Komponenten v_1 und v_2, die auf das Massenteilchen im Punkte P einwirken. v_1 und v_2 stehen senkrecht zu den von A_1 und A_2 nach P gezogenen Radien und sind entsprechend den Wirbelstärken

$$v_1 = \frac{w_1}{x_1} \quad \text{und} \quad v_2 = \frac{w_1}{x_2}.$$

Ziehen wir durch P eine beliebige geschlossene Kurve, welche keines der Wirbelzentren umschließt, und bilden wir für die Wegstrecke ds das Linienintegral, so erhalten wir: $\mathfrak{v} \cdot d\mathfrak{s} = \mathfrak{v}_1 d\mathfrak{s} + \mathfrak{v}_2 d\mathfrak{s}$. Für die ganze geschlossene Kurve wird daher:

$$\oint \mathfrak{v}\, ds = \oint \mathfrak{v}_1 d\mathfrak{s} + \oint \mathfrak{v}_2 d\mathfrak{s}.$$

Da nun jeder der beiden Summanden in der Zirkulationströmung gleich Null ist, muß auch das Linienintegral für die resultierende Strömung verschwinden, was zu beweisen war.

Umschlingt die geschlossene Kurve eine der beiden Wirbelachsen, z. B. den Punkt A_1, so erhalten wir für die Zirkulation auf dieser Kurve nach den Ausführungen des Abschnittes 19 und den vorstehenden Überlegungen:

$$\oint \mathfrak{v}\, d\mathfrak{s} = 2\pi w_1,$$

da $\oint \mathfrak{v}_1 d\mathfrak{s} = 2\pi w_1$ wird, während $\oint \mathfrak{v}_2 d\mathfrak{s} = 0$ bleibt.

Umschließen wir beide Wirbelzentren, dann wird entsprechend:

$$\oint \mathfrak{v}\, d\mathfrak{s} = 2\pi (w_1 + w_2).$$

Die in Abschnitt 17 entwickelte Bedeutung der Zirkulation, oder des Linienintegrales, bleibt daher bei überlagerten Strömungen voll und ganz erhalten, d. h. jedes wirbelnde Element innerhalb der umschlingenden Kurve verrät sich sofort durch den Wert der Zirkulation. Die geschlossene Kurve bezeichnet man daher auch gern als „Kontrollkurve".

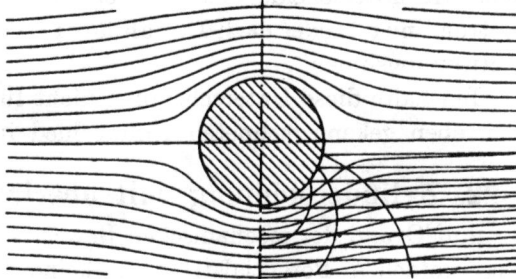

Abb. 68a.

Die Methode des Diagonalziehens erweist sich auch als sehr zweckmäßig, um aus dem Strömungsbilde relativ zum umströmten Körper, das momentane Strömungsbild relativ zur Flüssigkeit zu konstruieren. Denken wir uns die Flüssigkeit ruhend, und den Körper, etwa den unendlich langen Zylinder nach Abb. 68a mit konstanter Geschwindigkeit bewegt, so erblicken wir das bekannte Stromlinienbild, wenn wir und das Koordinatensystem uns mit bewegen. Jede Stromlinie enthält immer die gleichen Flüssigkeitsteilchen. Anders gestaltet sich das Bild, wenn wir uns als Beobachter in Ruhe befinden und etwa beim Passieren des Zylinders eine Momentaufnahme des Strömungsbildes machen. Wir erhalten dann das Bild der Abb. 68b. Die Stromlinien bilden Kreise, die sich alle im Mittelpunkte des Zylinderquerschnittes berühren, wie dies rechnerisch auch gezeigt werden kann. Leicht erhalten wir diese neuen Strombahnen, indem wir nach Abb. 68a zu der bekannten Zylinderströmung die der Geschwindigkeit des Zylinders entsprechende Parallelströmung einzeichnen, und dann durch Diagonalziehen die Strombahnen relativ zur ruhenden Flüssigkeit bestimmen, wie dies im unteren Quadranten rechts, nach Abbildung geschehen ist. Freilich befindet sich der bewegte Körper im nächsten Zeitmoment bereits an einem anderen Ort. In dem kongruenten Strombilde der Momentaufnahme an anderer Stelle befinden sich jedoch natürlich nicht mehr dieselben Flüssigkeitsteilchen in der gleichen Stromlinie wie unmittelbar vorher. Dies ist der wesentliche Unterschied zwischen den Stromlinien in den Abb. 68a und 68b. In manchen Lehrbüchern unterscheidet man daher zwischen „Strombahnen" und „Stromlinien", oder nach Lanchester zwischen „Stromlinien" und „Strömungslinien".

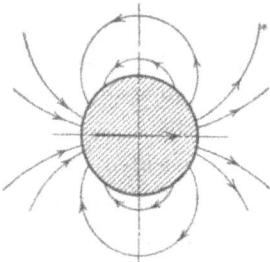

Abb. 68b.

Ich halte diese Unterscheidung nicht für notwendig, sofern man den eben gekennzeichneten Unterschied im Auge behält.

22. Zylinderstömung mit überlagerter Zirkulation.

Auf Grund des mechanischen Beweises im Abschnitt 12 kann in der einfachen Potentialströmung keine Kraft auf einen Körper einwirken. Betrachten wir nun wieder die Strömung um den unendlich langen Zylinder nach Abb. 68a und setzen wir sie zusammen mit der Zirkulationsströmung nach Abschnitt 19, dann erhalten wir durch Diagonalziehen das symmetrisch zur y-Achse liegende Stromlinienbild der Abb. 69.

Es läßt sich nun sofort zeigen, daß ein resultierender Flüssigkeitsdruck P entsteht, eine Auftriebskraft, die senkrecht zur

ursprünglichen Richtung der Parallelströmung, also senkrecht zur
x-Achse gerichtet ist. Ein Widerstand, d. h. eine gegen die Parallelströmung gerichtete Kraft besteht aus Symmetriegründen nicht.

Der Zylinder würde also in der idealen Flüssigkeit fliegen können,
ohne daß dazu eine mechanische Arbeitsleistung erforderlich wäre,
sofern eine Zirkulationsströmung vorhanden ist.

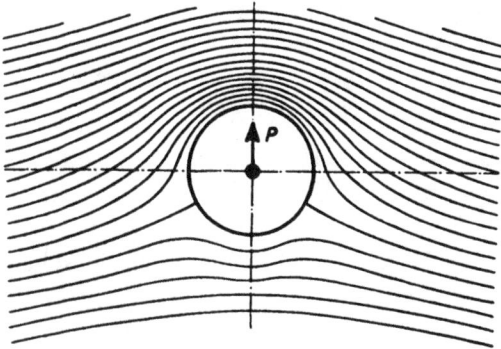 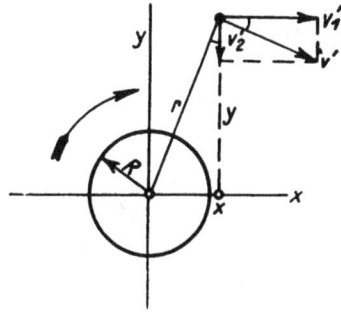

Abb. 69.   Abb. 70.

Die Berechnung der Auftriebskraft P nach Abb. 69 bietet keine
Schwierigkeiten. Nach Abb. 70 ist die Geschwindigkeit der Zirkulation nach dem bekannten Gesetze im Abstande r:

$$v' = \frac{w}{r},$$

wenn w die Geschwindigkeit im Abstande $r = 1$ bezeichnet. Aus
den ähnlichen Dreiecken der Abbildung folgt:

$$v_1' = \frac{y}{r} \, v' = \frac{y\,w}{r^2}$$

und

$$v_2' = \frac{x}{r} \, v' = \frac{x\,w}{r^2}.$$

Für die Oberfläche des Zylinders wird $r = R$ und damit

$$v_1' = \frac{y\,w}{R^2}, \quad \text{sowie} \quad v_2' = \frac{x\,w}{R^2}.$$

Nach der Kreisgleichung gilt $R^2 = x^2 + y^2$; wir haben nun die
Geschwindigkeitskomponenten v_1' und v_2' der Zirkulationsströmung
zu den Geschwindigkeitskomponenten v_1 und v_2 der Zylinderströmung zu addieren, um die Komponenten V_1 und V_2 der resultierenden Strömung zu erhalten. v_1 und v_2 sind uns aus den Gl. 12
bekannt. Da uns zur Berechnung der Druckkräfte jedoch nur die

Geschwindigkeit an der Oberfläche des Zylinders interessiert, haben wir in den Gl. 12 überall $r = R$ zu setzen. Es wird dann:

$$V_1 = v_1 + v_1' = 2v_0 - \frac{2v_0 x^2}{R^2} + \frac{yw}{R^2},$$

$$V_2 = v_2 + v_2' = -\frac{2v_0 xy}{R^2} - \frac{xw}{R^2}.$$

Die resultierende Oberflächengeschwindigkeit V_R erhalten wir dann aus:

$$V_R^2 = V_1^2 + V_2^2 = \left(2v_0 - \frac{2v_0 x^2}{R^2} + \frac{yw}{R^2}\right)^2 + \left(\frac{2v_0 xy}{R^2} + \frac{xw}{R^2}\right)^2.$$

Wenn man beachtet, daß nach Bedarf $R^2 = x^2 + y^2$ gesetzt werden kann, dann ergibt sich nach zweckmäßiger Zusammenfassung schließlich der einfache Ausdruck:

$$V_R^2 = \frac{(2v_0 y + w)^2}{R^2}.$$

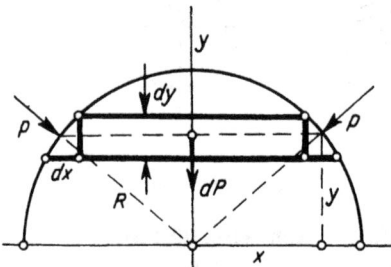

Abb. 71.

Nach Gl. 11c wird der Oberflächendruck:

$$p = p_0 + \frac{\gamma}{2g}(v_0^2 - v^2)$$

und nach Einsetzen des Wertes von V_R^2 für v^2 wird daraus:

$$p = p_0 + \frac{\gamma}{2g}\left[v_0^2 - \frac{(2v_0 y + w)^2}{R^2}\right].$$

Um die resultierende Druckkraft auf den Zylindermantel zu erhalten, integrieren wir nach Abb. 71 die Drucke p über die gesamte Oberfläche. Aus Symmetriegründen heben sich alle horizontalen Druckkomponenten gegenseitig auf, so daß wir nur die senkrechten Komponenten zu integrieren brauchen.

Es ist nach Abb. 71 der Beitrag dP, den ein Parallelstreifen von der Höhe dy und der Längeneinheit zu der gesamten Auftriebskraft liefert:

$$dP = -2p\,dx.$$

Nun ist

$$x = \sqrt{R^2 - y^2},$$

woraus

$$\frac{dx}{dy} = \frac{y}{\sqrt{R^2 - y^2}} \quad \text{oder} \quad dx = \frac{y\,dy}{\sqrt{R^2 - y^2}}.$$

Damit wird

$$dP = -2p\frac{y\,dy}{\sqrt{R^2 - y^2}}$$

und nach Einsetzen des für p gewonnenen Ausdruckes:

$$dP = -\frac{2\,y\,dy}{\sqrt{R^2-y^2}}\left[p_0 + \frac{\gamma}{2g}\left(v_0^2 - \frac{(2v_0y+w)^2}{R^2}\right)\right],$$

woraus wir den Auftrieb P erhalten durch Integration zu:

$$P = \left(\frac{\gamma}{g}\cdot\frac{w^2}{R^2} - \frac{\gamma}{g}v_0^2 - 2p_0\right)\cdot\int\limits_{-R}^{+R}\frac{y\,dy}{\sqrt{R^2-y^2}} +$$

$$+\frac{\gamma}{g}\cdot\frac{4v_0w}{R^2}\cdot\int\limits_{-R}^{+R}\frac{y^2\,dy}{\sqrt{R^2-y^2}} + \frac{\gamma}{g}\cdot\frac{4v_0^2}{R^2}\cdot\int\limits_{-R}^{+R}\frac{y^3\,dy}{\sqrt{R^2-y^2}}.$$

Die Lösung des 1. Integrals liefert:

$$\left[-\sqrt{R^2-y^2}\right]_{-R}^{+R} = 0.$$

Die Lösung des 2. Integrals liefert:

$$\left[-\frac{Ry}{2}\sqrt{1-\left(\frac{y}{R}\right)^2} + \frac{R^2}{2}\arcsin\left(\frac{y}{R}\right)\right]_{-R}^{+R} = \frac{R^2\pi}{2}.$$

Die Lösung des 3. Integrals liefert:

$$\left[\left(-\frac{Ry^2}{3} - \frac{2}{3}R^3\right)\sqrt{1-\left(\frac{y}{R}\right)^2}\right]_{-R}^{+R} = 0.$$

Daher wird

$$P = 2\pi w\frac{\gamma}{g}v_0.$$

Nun war aber nach Abschnitt 19 der Ausdruck $2\pi w = \Gamma$, d. h. die konstante Zirkulation Γ für jede den Zylinder umschlingende geschlossene Kurve, so daß wir schreiben können:

$$P = \frac{\gamma}{g}\Gamma\cdot v_0 \quad\ldots\ldots\ldots\ldots 29$$

Dies ist der Satz von Joukowski, der in Worten lautet: Der Auftrieb steht senkrecht zu der Richtung v_0 der Bewegung und ist proportional der Masse des Mediums, der Stärke der Zirkulation und der Geschwindigkeit des Körpers.

Dieser Satz, der hier für einen Kreiszylinder bewiesen wurde, gilt ganz allgemein für jeden beliebig gestalteten Körper, wie dies später noch gezeigt wird.

Der Auftrieb P ist unabhängig vom Radius des Zylinders. Gl. 29 gilt auch für $R = 0$.

In Abb. 69 bemerken wir 2 Stromlinien, die senkrecht auf den Zylinder auftreffen. In diesen beiden symmetrisch liegenden Staupunkten wird die Geschwindigkeit zu Null. Da die Zirkulationsgeschwindigkeiten v' sich auf der oberen Seite des Zylinders zu den Geschwindigkeiten v der Zylinderströmung addieren, auf der unteren dagegen subtrahieren, ergibt sich die Lage der unten liegenden Staupunkte sehr einfach aus der Bedingung: $v = v'$ oder $V = 0$. Es ist nach Gl. 13 für die Geschwindigkeit der Zylinderströmung an der Oberfläche:

$$v^2 - 4v_0^2\left(1 - \frac{x^2}{R^2}\right) \quad \text{oder} \quad v = \frac{2v_0}{R}\sqrt{R^2 - x^2},$$

ferner ist:

$$v' = \frac{w}{R}.$$

Durch Gleichsetzen ergibt sich die Lage der Staupunkte aus:

$$2v_0\sqrt{R^2 - x^2} = w$$

oder

$$x = \sqrt{R^2 - \left(\frac{w}{2v_0}\right)^2} \quad \ldots \ldots \ldots \ldots 30$$

für $w = 2v_0 R$ wird $x = 0$, d. h. die beiden Staupunkte fallen in einem einzigen Punkte mit den Koordinaten $x = 0$ und $y = -R$ zusammen.

Für $w = 0$ wird nach unserer Gleichung $x = \pm R$ und $y = 0$, d. h. die Staupunkte fallen mit denen der reinen Zylinderströmung zusammen, da die Zirkulation verschwunden ist. Die Lage der Staupunkte wird nach Gl. 30 durch das Verhältnis $\frac{w}{v_0}$ bestimmt.

23. Die Stromfunktion und das Geschwindigkeitspotential.

Unter der Strömung durch eine Kurve verstehen wir das Volumen ψ der Flüssigkeit, welches in der Zeiteinheit durch den Teil der zylindrischen Fläche geht, der die Kurve als Basis hat und zwischen den parallelen Ebenen $z = 0$ und $z = 1$ liegt.

In Abb. 72 seien A und P zwei beliebige Punkte in der x-y-Ebene. Es ist leicht zu erkennen, daß die Strömung durch alle Linien, die A und P miteinander verbinden, stets dieselbe ist.

Ist A ein fester, P ein beweglicher Punkt, so sei die Strömung ψ durch AP positiv gerechnet, wenn sie für einen Beobachter, der auf der Kurve steht, und von A nach P blickt, von rechts nach links geht.

Die Winkel α und β der Normalen auf ein Element ds der Kurve mit den Geschwindigkeitskomponenten v_1 und v_2 gelten in bezug auf den von A nach P blickenden Beobachter für den nach links gerichteten Teil der Normalen $\mathfrak{N}$. Der Winkel α in Abbildung ist daher ein stumpfer.

Nach Abbildung ist all-
gemein:

$$\psi = \int_A^P (v_1 \cos\alpha + v_2 \cos\beta)ds \quad 31$$

Wenn P sich so bewegt, daß der Wert von ψ sich nicht ändert, dann muß sich P offenbar auf einer Stromlinie bewegen. Daher bilden die Linien $\psi =$ Konstant die Stromlinien, und ψ heißt die „Stromfunktion".

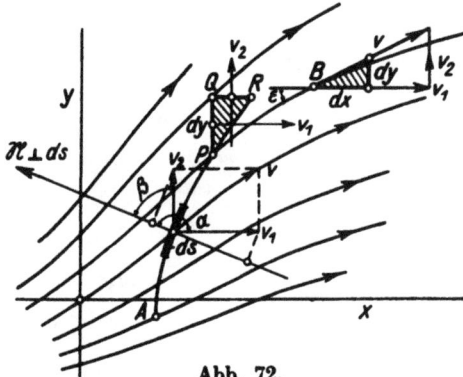

Abb. 72.

Die Differentialgleichung einer Stromlinie ergibt sich nach Abb. 72 aus den ähnlichen Dreiecken beim Punkte B zu:

$$\operatorname{tg}\varepsilon = \frac{dy}{dx} = \frac{v_2}{v_1}$$

oder

$$v_1\,dy - v_2\,dx = 0 \quad \dots\dots\dots\dots 32$$

Mit den Gl. 9, Abschnitt 8, kann dafür auch geschrieben werden:

$$\frac{\partial\varphi}{\partial y}dx - \frac{\partial\varphi}{\partial x}dy = 0 \quad \dots\dots\dots 32a$$

Wird in Abbildung P verschoben um $PQ = dy$, so ist der Zuwachs von ψ gleich der Strömung durch dy, also

$$d\psi_y = -v_1\,dy.$$

Entsprechend wird $d\psi_x = v_2\,dx$.

Daraus folgt:

$$v_1 = -\frac{\partial\psi}{\partial y} \Big\}$$

$$\left.\dots\dots\dots\dots 33\right.$$

und

$$v_2 = \frac{\partial\psi}{\partial x} \Big\}$$

ferner folgt: $\qquad d\psi = v_2\,dx - v_1\,dy$ 34

für $d\psi = 0$ wird $\psi = \text{Konstant}$ und aus Gl. 34 folgt die Gl. 32 für die Stromlinie:

$$v_1\,dy - v_2\,dx = 0.$$

Vergleichen wir nun die Gl. 33 mit der Gl. 9, so folgt:

$$\left. \begin{aligned} \frac{\partial\varphi}{\partial x} &= \frac{\delta\psi}{\delta y} \\[2mm] \frac{\partial\varphi}{\partial y} &= -\frac{\partial\psi}{\partial x} \end{aligned} \right\} \qquad \text{. . . . . 35}$$

und

Daraus wird nach nochmaliger partieller Differentiation nach y und x:

$$\frac{\partial^2\psi}{\partial y^2} = \frac{\partial^2\varphi}{\partial x\,\partial y}$$

und

$$-\frac{\partial^2\psi}{\partial x^2} = \frac{\partial^2\varphi}{\partial x\,\partial y}.$$

Daraus folgt: $\qquad \dfrac{\partial^2\psi}{\partial x^2} + \dfrac{\partial^2\psi}{\partial y^2} = 0$ 36

Vergleichen wir diese Gleichung mit der Kontinuitätsgleichung 2b, die sich für das hier behandelte ebene Problem vereinfacht auf:

$$\frac{\partial^2\varphi}{\partial x^2} + \frac{\partial^2\varphi}{\partial y^2} = 0 \qquad \text{. . . . . 2b}$$

so erkennen wir, daß die Stromfunktion ψ derselben Laplaceschen Differentialgleichung gehorcht wie das zugehörige Geschwindigkeitspotential φ der Strömung.

Ziehen wir im Stromlinienbilde eine Linie AB so, daß sie überall die Stromlinien senkrecht schneidet, dann wird das Linienintegral über AB verschwinden müssen, da das innere Produkt $\mathfrak{v} \cdot d\mathfrak{s}$ an jeder Stelle gleich Null ist. Nun kann aber nach Abschnitt 18 für $\mathfrak{v}\,d\mathfrak{s}$ auch gesetzt werden:

$$\mathfrak{v}\,d\mathfrak{s} = v_1\,dx + v_2\,dy = 0.$$

Ersetzen wir in dieser Gleichung v_1 und v_2 durch die Potentialfunktion φ nach den Gl. 9, dann wird daraus:

$$\frac{\partial\varphi}{\partial x}\,dx + \frac{\partial\varphi}{\partial y}\,dy = 0 \qquad \text{. . . . 37}$$

oder $\qquad\qquad\qquad d\varphi = 0$ 37a

oder $\qquad\qquad\qquad \varphi = \text{Konstant}$ 37b

Wenn man also auf einer solchen Linie fortschreitet, dann ändert sich das Geschwindigkeitspotential nicht. Wir nennen daher eine solche Linie eine Äquipotential- oder auch eine Niveaulinie.

In der dreidimensionalen Strömung erhalten wir entsprechend Äquipotential- oder Niveauflächen. Von einem Punkte des Feldes ausgehend, sucht man alle Nachbarpunkte auf, in denen das Potential φ den gleichen Wert besitzt, für welche also $d\varphi = 0$ wird. Alle diese Punkte liegen auf einem Flächenelemente, das senkrecht zur Feldgeschwindigkeit gestellt ist, denn nur für eine Verschiebung ds senkrecht zu v wird $\mathfrak{v} \cdot d\mathfrak{s}$ und damit $d\varphi = 0$. Auf diese Weise fortschreitend erhalten wir eine Niveaufläche.

Konstruiert man eine Schar solcher Flächen gleichen Potentials derart, daß sich das Potential in 2 unmittelbar aufeinander folgenden Flächen stets um den gleichen Betrag unterscheidet, dann nennt man diese Flächen „Stufenflächen“, und die Schar aller Stufenflächen eine „Potentialtreppe“.

Je steiler diese Treppe ist, das heißt je dichter die Stufenflächen aufeinander folgen, desto größer ist an dieser Stelle die senkrecht zu den Flächen gerichtete Geschwindigkeit des Feldes.

Die Flächen gleichen Potentials, oder beim ebenen Problem die Linien gleichen Potentials, stellen nach ihrer Definition jene Flächen oder Linien im Felde dar, in denen ein Fluß nicht stattfindet, da sie ja überall senkrecht zu den Stromlinien gerichtet sind.

Bilden wir auf irgend einem Wege das Linienintegral zwischen den Punkten A und B, die zwei benachbarten Niveaulinien mit den konstanten Potentialwerten φ_1 und φ_2 angehören mögen, dann erhalten wir dafür:

$$\int_A^B \mathfrak{v} \cdot d\mathfrak{s} = \int_A^B (v_1 dx + v_2 dy) = -\int_A^B \left(\frac{\partial \varphi}{\partial x} dx + \frac{\partial \varphi}{\partial y} dy\right) = $$
$$-\int_A^B d\varphi = -\int_{\varphi_1}^{\varphi_2} d\varphi = -(\varphi_2 - \varphi_1) = \varphi_1 - \varphi_2 = \varDelta \varphi \quad \Bigg| \quad \cdots \cdots 38$$

wenn $\varDelta \varphi$ den Potentialunterschied der beiden Niveaulinien bedeutet. A und B können dabei beliebig gewählte Punkte der Linien oder auch der Flächen gleichen Potentiales sein.

Daraus folgt auch sofort, daß dieses Linienintegral verschwindet, d. h. es folgt die Gl. 20a des Abschnittes 17: $\int_0^0 \mathfrak{v} d\mathfrak{s} = 0$, wenn wir in der Potentialströmung das Linienintegral über eine geschlossene Kurve bilden, dessen Wert wir als die Zirkulation bezeichneten. Das Verschwinden dieses Wertes ist gleichbedeutend mit wirbelfreier Strömung innerhalb des umschlossenen Gebietes. Aus Gl. 38 geht hervor, daß das Linienintegral bereits verschwinden muß, wenn wir von einem Punkte A einer Potentialfläche auf irgend einem Wege zu einem anderen Punkt B der gleichen Potentialfläche übergehen, wegen $\varphi_1 = \varphi_2$.

Aus Gl. 38 ist auch ersichtlich, daß die Wahl des negativen Vorzeichens in Gl. 9 keine praktische Rolle spielt für unsere Verwendung des Linienintegrals, da es an sich gleichgültig ist, ob der Wert der Zirkulation positiv oder negativ ist. Je nach Wahl der Umlaufsrichtung kann er nach Belieben positiv oder negativ gestaltet werden.

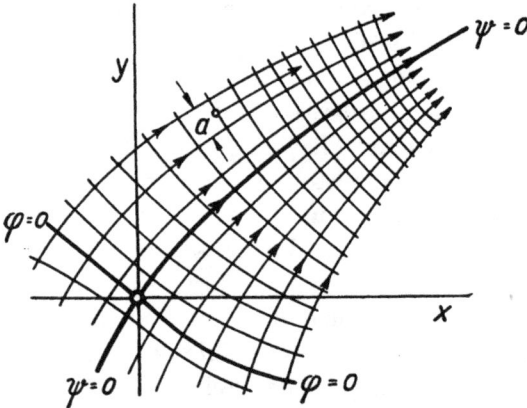

Abb. 73.

Multiplizieren wir die erste der Gl. 9 mit der zweiten der Gl. 33 und umgekehrt, dann wird:

$$v_1 \cdot v_2 = - \frac{\partial \varphi}{\partial x} \cdot \frac{\partial \psi}{\partial x} + \frac{\partial \varphi}{\partial y} \cdot \frac{\partial \psi}{\partial y}$$

oder:

$$\frac{\partial \varphi}{\partial x} \cdot \frac{\partial \psi}{\partial x} + \frac{\partial \varphi}{\partial y} \cdot \frac{\partial \psi}{\partial y} = 0 \quad \ldots \ldots \quad 39$$

Gl. 39 stellt aber die analytische Bedingung dafür dar, daß die Kurvenschar der Linien gleichen Potentials $\varphi =$ Konstant, die Kurvenschar der Stromlinien $\psi =$ Konstant überall normal durchschneidet, wie wir dies durch die vorausgegangene Definierung der Potentiallinie bereits festgestellt haben.

Die eine Kurvenschar ist somit durch Festlegung der anderen vollständig bestimmt, was schon daraus hervorgeht, daß beide derselben Differentialgleichung 36 bzw. 2b genügen müssen. Damit dürfen wir die beiden Funktionen φ und ψ als einander konjugiert bezeichnen. Beide Kurvenscharen dürfen auch miteinander vertauscht werden, so daß jede Lösung der Laplaceschen

Differentialgleichung zwei einander konjugierte Potentialströmungen liefert.

Der Parameter ψ bedeutet bis auf eine willkürliche Konstante ein Flüssigkeitsvolumen. Wir bestimmen sie einfach dadurch, daß wir der durch den Pol gehenden Stromlinie den Parameter $\psi = 0$ zuschreiben. Ebenso bestimmen wir die willkürliche Konstante für das Geschwindigkeitspotential (s. Abb. 73).

24. Der Zusammenhang der Stromfunktion mit der Theorie der komplexen Größen.

Die Stromfunktion ψ muß nach Gl. 36 der Laplaceschen Differentialgleichung genügen:

$$\frac{\partial^2 \psi}{\partial x^2} + \frac{\partial^2 \psi}{\partial y^2} = 0.$$

Dabei besteht noch ein Geschwindigkeitspotential φ, das nach Gl. 2b derselben Differentialgleichung genügen muß, nämlich:

$$\frac{\partial^2 \varphi}{\partial x^2} + \frac{\partial^2 \varphi}{\partial y^2} = 0.$$

Die allgemeine Lösung dieser Gleichung ist bekannt. Sie liefert für φ oder auch $\psi = f_1 (x + iy) + f_2 (x - iy)$, wobei f_1 und f_2 willkürliche komplexe Funktionen darstellen mit $i = \sqrt{-1}$.

Setzen wir wie üblich zur Abkürzung:

$$x + iy = z_1 \quad \text{und} \quad x - iy = z_2,$$

so ist zu beachten, daß für komplexe Größen gilt:

$$\frac{\partial z_1}{\partial x} = \frac{\partial z_2}{\partial x} = 1 \quad \ldots \ldots \ldots 40$$

ferner

und

$$\left.\begin{aligned} \frac{\partial z_1}{\partial y} &= i \\ \frac{\partial z_2}{\partial y} &= -i \end{aligned}\right\} \quad \ldots \ldots \ldots 41$$

Wir gehen aus von der Gleichung:

$$\varphi = f_1 (x + iy) + f_2 (x - iy) \quad \ldots \ldots \ldots 42$$

und bilden nun unter Beachtung der Gl. 35, welche lauteten:

$$\frac{\partial \varphi}{\partial x} = \frac{\partial \psi}{\partial y} \quad \text{und} \quad -\frac{\partial \varphi}{\partial y} = \frac{\partial \psi}{\partial x},$$

zunächst den partiellen Differentialquotienten der komplexen Größe $Z = \varphi + i\,\psi$, so erhalten wir dafür:

$$\frac{\partial\,(\varphi + i\,\psi)}{\partial\,x} = \frac{\partial\varphi}{\partial\,x} + i\,\frac{\partial\psi}{\partial\,x} = \frac{\partial\varphi}{\partial\,x} - i\,\frac{\partial\varphi}{\partial\,y}$$

nach der zweiten der Gl. 35. Berechnen wir nun die partiellen Differentialquotienten $\dfrac{\partial\varphi}{\partial\,x}$ und $\dfrac{\partial\varphi}{\partial\,y}$ durch Differentiation der Gl. 42, so wird:

$$\frac{\partial\,(\varphi + i\,\psi)}{\partial\,x} = \frac{df_1}{dz_1}\cdot\frac{\partial z_1}{\partial\,x} + \frac{df_2}{dz_2}\cdot\frac{\partial z_2}{\partial\,x} - i\left(\frac{df_1}{dz_1}\cdot\frac{\partial z_1}{\partial\,y} + \frac{df_2}{dz_2}\cdot\frac{\partial z_2}{\partial\,y}\right).$$

Mit Rücksicht auf die Gl. 40 und 41 wird schließlich:

$$\frac{\partial\,(\varphi + i\,\psi)}{\partial\,x} = \frac{df_1}{dz_1} + \frac{df_2}{dz_2} + \frac{df_1}{dz_1} - \frac{df_2}{dz_2} = 2\,\frac{df_1}{dz_1}.$$

Ebenso erhalten wir für:

$$\frac{\partial\,(\varphi + i\,\psi)}{\partial\,y} = \frac{\partial\varphi}{\partial\,y} + i\,\frac{\partial\psi}{\partial\,y} = \frac{\partial\varphi}{\partial\,y} + i\,\frac{\partial\varphi}{\partial\,x} =$$

$$= i\,\frac{df_1}{dz_1} - i\,\frac{df_2}{dz_2} + i\,\frac{df_1}{dz_1} + i\,\frac{df_2}{dz_2} = 2\,i\,\frac{df_1}{dz_1}.$$

Nun wird damit:

$$\int\left(\frac{\partial\,(\varphi + i\,\psi)}{\partial\,x}\,d\,x + \frac{\partial\,(\varphi + i\,\psi)}{\partial\,y}\,d\,y\right) = \varphi + i\,\psi = 2\int\left(\frac{df_1}{dz_1}\,d\,x + i\,\frac{df_1}{dz_1}\,d\,y\right)$$

$$= 2\int\frac{df_1}{dz_1}\,dz_1 = 2\,f_1\,(z_1) = 2\,f_1\,(x + iy) = f\,(x + iy) = f\,(z).$$

Daher ist:

$$Z = \varphi + i\,\psi = f\,(x + iy) = f\,(z) \qquad \ldots \ldots \ldots 43$$

Da die Gl. 43 abgeleitet ist auf Grund der für die Potentialströmung geltenden Gl. 2b und 36, sowie der sogenannten Cauchy-Riemannschen Differentialgleichungen 35, besagt Gl. 43 nichts anderes als daß jede beliebige analytische Funktion einer komplexen Veränderlichen $f\,(z) = f\,(x + iy)$ eine Potentialströmung liefert, deren reeller und imaginärer Teil für sich, das Geschwindigkeitspotential φ und die Stromfunktion ψ darstellen.

Man nennt den komplexen Wert $Z = \varphi + i\,\psi$ in Gl. 43, die „komplexe Strömungsfunktion" zur Unterscheidung von der Stromfunktion ψ.

Als erstes Beispiel setzen wir in Gl. 43 im einfachsten Falle $f\,(z) = az$, so wird:

$$Z = \varphi + i\,\psi = a\,(x + iy).$$

Durch Trennung des reellen und imaginären Teiles erhalten wir für das Potential $\varphi = ax$ und für die Stromfunktion $\psi = ay$, d. h. die Stromlinien $\psi = \text{Konst.}$ bilden gerade Linien parallel zur x-Achse und die sie senkrecht schneidenden Linien gleichen Potentials $\varphi = \text{Konst.}$ gerade Linien parallel zur y-Achse, denn es ist

$$y = \frac{\psi}{a} = \text{Konst. und } x = \frac{\varphi}{a} = \text{Konst.}$$ Die Wahl $f(z) = az$ liefert

daher die einfachste Form einer Potentialströmung, nämlich die stationäre Parallelströmung in Richtung der negativen x-Achse, denn nach den Gl. 9 wird die Geschwindigkeit:

$$v = v_1 = -\frac{\partial \varphi}{\partial x} = -a \,,$$

$$v_2 = -\frac{\partial \varphi}{\partial y} = 0 \,.$$

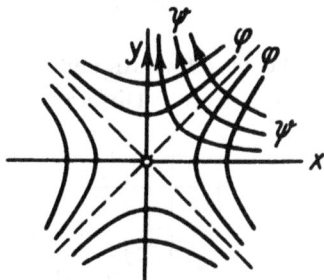

Abb. 74.

Die Strömung erfolgt also mit der konstanten Geschwindigkeit a parallel zur x-Achse in deren negativer Richtung.

Als zweites Beispiel wählen wir den Ansatz $f(z) = az^2$ oder:

$$Z = \varphi + i\psi = a(x + iy)^2 = a(x^2 - y^2) + 2iaxy \,.$$

Wir erhalten: $\varphi = a(x^2 - y^2)$ und $\psi = 2axy$.

Die Gleichungen für die Äquipotential- und Stromlinien zeigen uns zwei Scharen sich überall normal schneidender gleichseitiger Hyperbeln nach Abb. 74, welche nach Ersatz der Koordinatenachsen durch feste Wände die Flüssigkeitsströmung in einem rechtwinkeligen Knie veranschaulichen. Die Vertauschbarkeit der φ- und ψ-Linien geht aus diesen einfachen Beispielen deutlich hervor.

Für die Geschwindigkeitskomponenten erhalten wir wieder nach den Gl. 9

$$v_1 = -\frac{\partial \varphi}{\partial x} = -2ax \,,$$

$$v_2 = -\frac{\partial \varphi}{\partial y} = 2ay \,.$$

Die resultierende Geschwindigkeit wird daher:

$$v = \sqrt{v_1^2 + v_2^2} = 2a\sqrt{x^2 + y^2} = 2ar$$

oder proportional dem Abstande r eines Punktes vom Pol, in dem die Geschwindigkeit selbst zu Null wird. Die Strömung entlang der ψ-Linien erfolgt in Richtung der Pfeile.

7*

Als drittes Beispiel betrachten wir den Ansatz:

$$f(z) = az + \frac{b}{z} \quad \text{oder} \quad Z = \varphi + i\psi = a(x + iy) + \frac{b}{x + iy}.$$

Damit wird:

$$\varphi + i\psi = x\left(a + \frac{b}{x^2 + y^2}\right) + iy\left(a - \frac{b}{x^2 + y^2}\right)$$

woraus sich abspaltet:

$$\varphi = x\left(a + \frac{b}{x^2 + y^2}\right) \quad \text{und} \quad \psi = y\left(a - \frac{b}{x^2 + y^2}\right).$$

Die Geschwindigkeitskomponenten ergeben sich wieder nach den Gl. 9˙ durch Differentiation der Potentialfunktion zu:

$$v_1 = -\frac{\partial \varphi}{\partial x} = -a + b\frac{x^2 - y^2}{(x^2 + y^2)^2},$$

und

$$v_2 = -\frac{\partial \varphi}{\partial y} = \frac{2bxy}{(x^2 + y^2)^2}$$

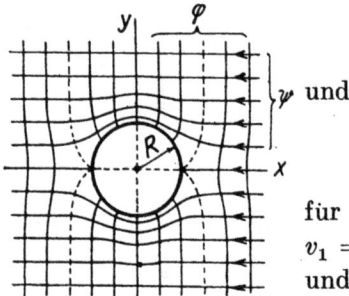

Abb. 75.

für $x = \infty$ oder auch für $y = \infty$ wird $v_1 = -a$ und $v_2 = 0$, ferner wird $\varphi = ax$ und $\psi = ay$ entsprechend unserem ersten Beispiel, d. h. die Strömung geht im Unendlichen in die einfache Parallelströmung zur x-Achse über, mit der Geschwindigkeit $v_1 = v = -a$ in der negativen x-Richtung.

Für $x = 0$ und $y = 0$ wird dagegen $v_1 = \infty$ und $v_2 = \infty$, so daß der Pol aus der Strömung auszuschalten ist. Für $y = 0$ gilt $\psi = 0$, wofür die Stromfunktion

$$\psi = y\left(a - \frac{b}{x^2 + y^2}\right) = 0$$

liefert: $x^2 + y^2 = \frac{b}{a}$ also die Gleichung eines Kreises mit dem Radius $R = \sqrt{\frac{b}{a}}$, der als die Querschnittsfläche eines Kreiszylinders betrachtet werden˙ kann, dessen Achse mit der z-Achse unseres Koordinatensystems zusammenfällt. Wir haben es daher mit der uns aus Abschnitt 13 bereits bekannten zweidimensionalen Zylinderströmung zu tun. Die Stromlinien und Potentiallinien zeigen das Bild der Abb. 75.

Setzen wir in der Gleichung für die vertikale Geschwindigkeits-komponente:

$$v_2 = \frac{2\,b\,x\,y}{(x^2+y^2)^2} = \frac{2\,b\,x}{\dfrac{x^4}{y} + 2\,x^2 y + y^3},$$

$y = 0$, dann wird $v_2 = 0$, d. h. die Strömung fällt mit der x-Achse zusammen, und die Stromlinie $\psi = 0$ ist eine mit der Gleichung der x-Achse $y = 0$ identische Gerade. Sie zerfällt also in den Kreis um den Pol mit dem Radius R und die x-Achse.

Für die Geschwindigkeit auf der x-Achse erhalten wir nach:

$$v_1 = -a + b\,\frac{x^2-y^2}{(x^2+y^2)^2}$$

für $y = 0$ den Ausdruck:

$$v_1 = v = -a + \frac{b}{x^2}.$$

Für $x = \infty$ wird wieder $v_1 = -a$, d. h. gleich der Geschwindigkeit der durch keinen Fremdkörper gestörten Parallelströmung. Für $x = R = \sqrt{\dfrac{b}{a}}$ dagegen wird aus der letzten Gleichung $v_1 = v = 0$, wie dies für die beiden Staupunkte $x = \pm R$ erforderlich ist.

Für $x = 0$ und $y = R$ erhalten wir $v_2 = 0$ und $v_1 = v = -2a$, das ist die doppelte Geschwindigkeit als die der ungestörten Parallel-strömung, wie wir dies in Abschnitt 13 bereits festgestellt hatten.

Denken wir uns nun die Flüssigkeit im Unendlichen ruhend und den Zylinder mit der konstanten Geschwindigkeit $+a$ in der posi-tiven x-Richtung bewegt, dann erhalten wir jetzt bei unverändertem v_2 an Stelle der früheren Gleichung für die horizontale Geschwindig-keitskomponente:

$$v_1 = b\,\frac{x^2-y^2}{(x^2+y^2)^2}.$$

Diese wird nun für $x = y = \infty$ zu Null. Und daraus ergeben sich wegen der Gl. 9 und 34 Geschwindigkeitspotential und Strom-funktion zu:

$$\varphi = \frac{b\,x}{x^2+y^2} \quad \text{und} \quad \psi = -\frac{b\,y}{x^2+y^2},$$

d. h. die im Unendlichen ruhende Flüssigkeit weicht dem Zylinder in Kreisbahnen aus, die sich nach den Abb. 68a und 68b sämtlich in der Zylinderachse berühren.

Diese wenigen angeführten Beispiele lassen die außerordentliche Zweckmäßigkeit und Vielseitigkeit der durch Gl. 43 vermittelten Methode klar hervortreten. Durch beliebige Wahl der $f(z)$ können so ziemlich alle denkbaren ebenen Potentialströmungen mathematisch dargestellt werden.

Um die ebene Strömung um eine gegebene „Kontur" als Querschnitt des unendlich langen Kreiszylinders zu erhalten, z. B. um eine Ellipse, oder um einen Tragflügelquerschnitt hat man nur die $f(z)$ so einzurichten, daß die Kontur in einer Stromlinie liegt. Im Auffinden der passenden Funktion liegt auch naturgemäß die einzige Schwierigkeit.

25. Die Theorie der konformen Abbildung.

Die Methode der konformen Abbildung ermöglicht es, die Strömung für fast jede gewünschte Kontur vollständig abzuleiten aus der bekannten Strömung um eine andere Kontur. Wir können also z. B. aus der uns bekannten Kreiszylinderströmung mit Zirkulation die Strömung bestimmen, etwa um das Tragflächenprofil nach Abb. 81 b.

Nicht nur die Größe der Auftriebskraft und die Lage des Druckmittelpunktes kann berechnet werden, sondern auch die Druckverteilung im einzelnen.

Man kann sich nach Pröll die Entstehung der neuen Strömung so vorstellen, daß ein Kreisprofil aus einem elastischen Stoff, also etwa ein dünner Gummiring, so lange deformiert wird, bis er stetig in das andere Profil übergeht. Stromlinie für Stromlinie bis ins Unendliche passen sich dann ebenso allmählich der neuen Form an. Diese Formänderung mathematisch zu verfolgen, gestattet die Theorie der konformen Abbildung, deren Grundzüge nun entwickelt werden sollen.

Es liegen vor in einer Z-Ebene und einer anderen z-Ebene die komplexen Veränderlichen:

$$Z = \varphi + i\psi \quad \text{und} \quad z = x + iy ,$$

φ und ψ sind dabei Funktionen von x und y, also:

$$\varphi = \varphi(x, y) \quad \text{und} \quad \psi = \psi(x, y) .$$

Einer Verschiebung des Punktes z in der z-Ebene: $\Delta z = \Delta x + i \Delta y$ entspricht dann eine Verschiebung des ihm durch den funktionellen Zusammenhang zugeordneten Punktes Z in der Z-Ebene: $\Delta Z = \Delta \varphi + i \Delta \psi$ (s. Abb. 76a und 76b).

Der absolute Betrag des Differenzenquotienten:

$$\frac{\Delta Z}{\Delta z} = \frac{\Delta \varphi + i \Delta \psi}{\Delta x + i \Delta y}$$

liefert das Längenverhältnis der Strecken ΔZ und Δz, oder den Maßstab der Abbildung, denn die Strecke ΔZ können wir offenbar als die Abbildung der Strecke Δz in der Z-Ebene bezeichnen.

Der Differenzenquotient der komplexen Größen in trigonome-

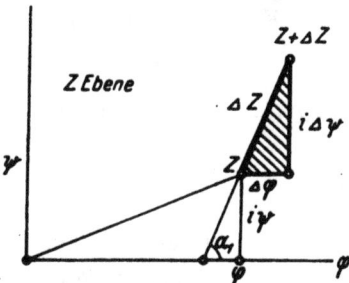
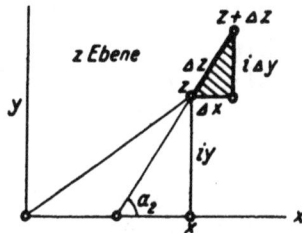

Abb. 76a.   Abb. 76b.

trischer Darstellung ist nach der Theorie der komplexen Zahlen gegeben durch:

$$\frac{\Delta \varphi + i \Delta \psi}{\Delta x + i \Delta y} = \frac{\Delta Z}{\Delta z} \left[\cos (\alpha_1 - \alpha_2) + i \sin (\alpha_1 - \alpha_2) \right],$$

wobei α_1 und α_2 nach Abb. 76a und 76b die Argumente der komplexen Größen ΔZ und Δz bedeuten. Das Argument oder der Arcus des Quotienten $\alpha_1 - \alpha_2$ gibt an, um welchen Winkel die Abbildung ΔZ gegenüber Δz verdreht ist.

Von einer „konformen Abbildung" wird nun verlangt:

1. Daß einem Winkel mit dem Scheitelpunkt z in der Abbildung ein gleich großer Winkel mit dem Scheitelpunkt Z entspricht, daß also die Bilder zweier Kurven durch z sich in Z unter demselben Winkel schneiden, wie die Originale.

2. Daß Punkten, die von einem beliebigen Punkte z gleiche Abstände haben, wieder Punkte eines Kreises mit dem Mittelpunkte Z zugeordnet sind.

Diese Bedingung spricht für eine bestimmte Stelle die Unabhängigkeit des Maßstabes von der Richtung aus, so daß der Grenzwert $\dfrac{dZ}{dz}$ an jedem Ort einen ganz bestimmten absoluten

Betrag hat, der sich mit der Richtung des dz-Elementes nicht ändert.

Durch die 1. Bedingung wird an jeder Stelle für das Argument von $\dfrac{dZ}{dz}$ ein von der Richtung des Elementes dz unabhängiger Wert gefordert.

Denken wir uns also das Element dz um einen Winkel α gedreht, so muß in der Abbildung das Element $\varDelta Z$ sich erstens um den gleichen Winkel α drehen und zweitens muß es seine absolute Größe beibehalten. Unter diesen Bedingungen schreibt sich nun der Differenzenquotient der komplexen Elemente, die infolge der Drehung ihre Koordinaten geändert haben, wie folgt:

$$\frac{\varDelta\varphi_1 + i\,\varDelta\psi_1}{\varDelta x_1 + i\,\varDelta y_1} = \frac{dZ}{dz}\left[\cos\left((\alpha_1+\alpha)-(\alpha_2+\alpha)\right)+i\sin\left((\alpha_1+\alpha)-(\alpha_2+\alpha)\right)\right]$$

$$= \frac{dZ}{dz}\left[\cos(\alpha_1-\alpha_2)+i\sin(\alpha_1-\alpha_2)\right],$$

also der gleiche Ausdruck wie vorher, da die zu den ursprünglichen Argumenten α_1 und α_2 hinzugefügten Verdrehungswinkel α sich wieder wegheben.

Beide Bedingungen sind daher erfüllt, wenn:

$$\frac{\varDelta\varphi_1 + i\,\varDelta\psi_1}{\varDelta x_1 + i\,\varDelta y_1} = \frac{\varDelta\varphi + i\,\varDelta\psi}{\varDelta x + i\,\varDelta y} = \text{Konstant.}$$

Einem Fortrücken des Punktes z parallel zur x-Achse ($dy=0$) oder einem Fortrücken des Punktes parallel zur y-Achse ($dx=0$) muß daher derselbe Wert des Differentialquotienten entsprechen. Es muß also sein:

$$\frac{dZ}{dz} = \frac{\partial(\varphi+i\psi)}{\partial x} = \frac{\partial(\varphi+i\psi)}{i\,\partial y} \quad \ldots \ldots \ldots \text{I}$$

oder:

$$\frac{\partial\varphi}{\partial x} + i\frac{\partial\psi}{\partial x} = \frac{1}{i}\cdot\frac{\partial\varphi}{\partial y} + \frac{\partial\psi}{\partial y} = \frac{\partial\psi}{\partial y} - i\frac{\partial\varphi}{\partial y}$$

oder durch Gleichsetzen der reellen und imaginären Teile:

$$\frac{\partial\varphi}{\partial x} = \frac{\partial\psi}{\partial y} \quad \text{und} \quad \frac{\partial\varphi}{\partial y} = -\frac{\partial\psi}{\partial x} \quad \ldots \ldots \ldots \text{II}$$

Dies sind also die Bedingungsgleichungen dafür, daß die Abbildung konform ist. Wir erkennen in ihnen unsere Gl. 35 wieder, woraus wir ersehen, daß der durch sie ausgesprochene Zusammenhang zwischen Potential und Stromfunktion gleichzeitig die notwendige Bedingung für die Möglichkeit einer konformen Abbildung darstellt.

Umgekehrt folgt aus dem Bestehen der beiden Gl. 35 wirklich, daß $\dfrac{dZ}{dz}$ an jeder Stelle von der Richtung des Elementes dz unabhängig ist, wie sofort gezeigt werden soll:

$$\frac{dZ}{dz} = \frac{d\varphi + i\,d\psi}{dx + i\,dy} = \frac{\left(\dfrac{\partial\varphi}{\partial x}dx + \dfrac{\partial\varphi}{\partial y}dy\right) + i\left(\dfrac{\partial\psi}{\partial x}dx + \dfrac{\partial\psi}{\partial y}dy\right)}{dx + i\,dy} =$$

$$= \frac{\left(\dfrac{\partial\varphi}{\partial x} + i\dfrac{\partial\psi}{\partial x}\right)dx + \left(\dfrac{\partial\varphi}{\partial y} + i\dfrac{\partial\psi}{\partial y}\right)dy}{dx + i\,dy}\,.$$

Ersetzen wir die Differentialquotienten des 2. Summanden im Zähler durch ihre Werte nach den Gl. 35, so folgt für

$$\frac{dZ}{dz} = \frac{\left(\dfrac{\partial\varphi}{\partial x} + i\dfrac{\partial\psi}{\partial x}\right)dx + i\left(\dfrac{\partial\varphi}{\partial x} + i\dfrac{\partial\psi}{\partial x}\right)dy}{dx + i\,dy} = \frac{\partial\varphi}{\partial x} + i\frac{\partial\psi}{\partial x} = \frac{\partial(\varphi + i\psi)}{\partial x},$$

was zu beweisen war, denn in der Tat folgt aus dieser ganz allgemeinen Differentiation der partielle Differentialquotient nach x entsprechend der Bedingungsgleichung I.

Aus den Gl. II folgt durch nochmalige partielle Differentiation nach y bzw. x und umgekehrt:

und
$$\left.\begin{array}{l} \dfrac{\partial^2\varphi}{\partial x^2} + \dfrac{\partial^2\varphi}{\partial y^2} = 0 \\[2mm] \dfrac{\partial^2\psi}{\partial x^2} + \dfrac{\partial^2\psi}{\partial y^2} = 0 \end{array}\right\} \quad \ldots\ldots\ldots \text{ III}$$

worin wir unsere Gleichungen 2b und 36, Abschnitt 23, wieder erkennen, denen jede Potentialströmung unterworfen ist.

Wenn die beiden reellen Funktionen φ und ψ der reellen Veränderlichen x und y die Gl. I identisch erfüllen, was für das Potential φ und die Stromfunktion ψ einer jeden Potentialströmung zutrifft, dann können wir setzen:

$$Z = \varphi(x, y) + i\psi(x, y) = f(x + iy) \quad \ldots\ldots \text{ IV}$$

worin wir unsere Gl. 43 wieder sehen.

Gl. 43 stellt somit bereits die vollständige Lösung des Problems der konformen Abbildung dar.

Die weitere aus Gl. II gezogene Folgerung

$$\frac{\partial\varphi}{\partial x} \cdot \frac{\partial\psi}{\partial x} + \frac{\partial\varphi}{\partial y} \cdot \frac{\partial\psi}{\partial y} = 0 \quad \ldots\ldots\ldots \text{ V}$$

die unserer früheren Gl. 39 entspricht, besagt, daß die beiden Kurvenscharen $\varphi(x, y) = \mathrm{Konst.}$ und $\psi(x, y) = \mathrm{Konst.}$ sich recht-
winkelig schneiden.

Da beim Übergang von der einen zur anderen Ebene die Winkel
erhalten bleiben, heißt die Abbildung auch „winkeltreu" oder
„isogonal". Einem unendlich kleinen Dreieck in der einen Ebene
entspricht wegen der Winkelgleichheit ein ähnliches unendlich
kleines Dreieck in der anderen Ebene. Wir können daher von einer
in den kleinsten Teilen ähnlichen Abbildung reden, oder mit Gauß
von einer konformen Abbildung.

Endliche Gebiete brauchen nicht ähnlich zu sein, weil der Maßstab im allgemeinen sich von Stelle zu Stelle ändert.

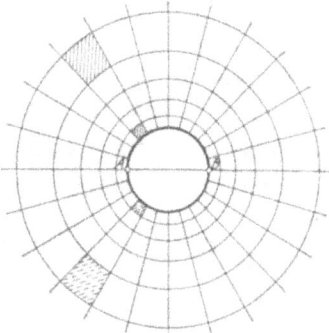 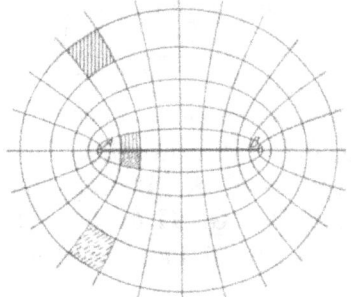

Abb. 77 a.   Abb. 77 b.

Abb. 77a und 77b zeigen als Beispiel eine in der Theorie der
Tragflächenprofile meist angewandte Abbildung. Durch sie wird
die Zirkulationsströmung um eine ebene Fläche AB durch konforme
Abbildung hergeleitet aus der Zirkulationsströmung um den Kreiszylinder. Die Punkte A und B in beiden Abbildungen sind einander
zugeordnet. Die kreisförmigen Strombahnen verwandeln sich dabei in konfokale Ellipsen, die radialen geraden Potentiallinien zu
Hyperbeln. Durch Vertauschung der φ- und ψ-Linien liefert Abb.77a
eine Quelle oder Senke mit radialen Stromlinien, Abb. 77b dagegen
die hyperbolische Strömung beim Durchtritt durch einen Spalt
in einer ebenen Trennungswand zweier Gefäße. Die in den Abbildungen gleichartig schraffierten ähnlichen Flächenteile sind einander zugeordnet.

Wird der Differentialquotient an irgend einer Stelle der Ebene
$\frac{dZ}{dz} = 0$ oder $= \infty$, dann werden unsere bisherigen Schlüsse hin-

fällig, d. h. die Konformität der Abbildung ist an solchen Punkten gestört, denn es hat keinen Sinn von einer Ähnlichkeit zweier Dreiecke zu sprechen, deren Seitenverhältnis verschwindend oder unendlich ist. Solche Punkte heißen „singuläre Punkte".

Zum Schlusse dieses Abschnittes möchte ich noch zeigen, wie man die Bedingungsgleichungen II für die konforme Abbildung sofort auf graphischem Wege aus Abb. 78b ablesen kann.

Dem Punkte $z = x + iy$ in Abb. 78a der Ebene z sei in der Abbildungsebene Z der Punkt $Z = \varphi + i\psi$ zugeordnet. Einer Verschiebung des Punktes z nach $z + dz$ entspreche eine Verschiebung des Punktes Z nach $Z + dZ$.

Das rechtwinkelige Dreieck in Abb. 78a mit den Kathe-

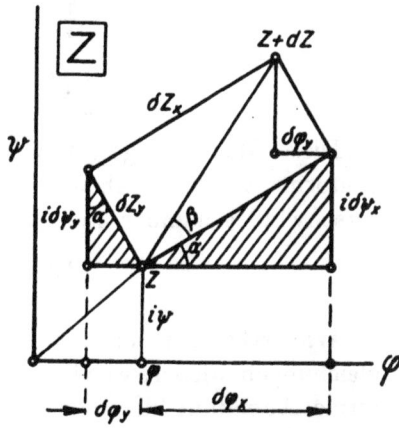

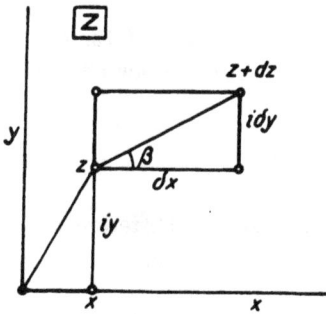

Abb. 78a.

Abb. 78b.

ten dx und idy und dem Winkel β ist nun so nach der Z-Ebene Abb. 78b übertragen, daß es dem ursprünglichen Dreiecke ähnlich ist, d. h. daß die Bedingungen der konformen Abbildung erfüllt sind.

Einer Verschiebung des Punktes z zunächst um ∂x entspricht in der Z-Ebene eine Verschiebung des Punktes Z, erstens horizontal um die Strecke $\dfrac{\partial \varphi}{\partial x} dx$ oder kurz um $\partial \varphi_x$ und zweitens vertikal um $i\dfrac{\partial \psi}{\partial x} dx$ oder kurz um $i\partial \psi_x$, da sowohl φ und ψ Funktionen von x und y zugleich sind. Der Strecke ∂x entspricht daher in der Abbildung die Strecke ∂Z_x.

Dasselbe gilt für die Verschiebung des Punktes z um $i\partial y$ allein. Wir erhalten dann als Abbildung die Strecke ∂Z_y. Erfolgen beide Verschiebungen gleichzeitig, so gelangen wir zum Punkte $z + dz$ und in der Abbildung zum Punkte $Z + dZ$. Alle 3 Strecken haben sich dabei in der Z-Ebene gegenüber der z-Ebene um den gleichen Winkel α gedreht.

Der Voraussetzung gemäß ist:

$$\frac{\partial Z_x}{\partial x} = \frac{\partial Z_y}{i \partial y} = \frac{dZ}{dz},$$

so daß die Abbildung in allen Teilen dem Originale ähnlich ist.

Aus den schraffierten ähnlichen Dreiecken der Abb. 7 8 b folgt

$$\frac{\dfrac{\partial \psi}{\partial x} \cdot dx}{\dfrac{\partial \varphi}{\partial x} \cdot dx} = \frac{-\dfrac{\partial \varphi}{\partial y} \cdot dy}{\dfrac{\partial \psi}{\partial y} \cdot dy}$$

oder:

$$\frac{\partial \varphi}{\partial x} \cdot \frac{\partial \varphi}{\partial y} + \frac{\partial \psi}{\partial x} \cdot \frac{\partial \psi}{\partial y} = 0 \quad \ldots \ldots \ldots \text{VI}$$

Diese Gleichung gestattet die Bedingungsgleichungen II für die konforme Abbildung abzulesen. Die vorstehende Summe der Gl. VI verschwindet nämlich nur dann, wenn gilt:

$$\frac{\partial \varphi}{\partial x} = \frac{\partial \psi}{\partial y} \quad \text{und} \quad \frac{\partial \varphi}{\partial y} = -\frac{\partial \psi}{\partial x} \quad \ldots \ldots \ldots \text{II}$$

Wie erkennen hierin die Cauchy-Riemannschen Differentialgleichungen wieder, welche die notwendige Bedingung für die konforme Abbildung darstellen.

Nach Einsetzen dieser Bedingungen in Gl. VI folgt in der Tat der Wert Null:

$$-\frac{\partial \varphi}{\partial x} \cdot \frac{\partial \psi}{\partial x} + \frac{\partial \varphi}{\partial x} \cdot \frac{\partial \psi}{\partial x} = 0.$$

26. Konforme Abbildung der einfachen Parallelströmung.

Wir haben bereits festgestellt, daß die Gl. IV des Abschnittes 25 identisch ist mit unserer Gl. 43, d. h. daß Gl. 43 bereits die vollständige Lösung des Problems der konformen Abbildung darstellt. Durch Wahl beliebiger analytischer Funktionen für $f(z)$ wurde im Abschnitt 24 an einigen Beispielen gezeigt, daß auf diese Weise fast alle denkbaren ebenen Potentialströmungen gewonnen werden können.

In der Tat können nun alle diese Strömungen wegen der rechtwinkeligen Kreuzung der φ- und ψ-Linien als winkeltreue oder konforme Abbildung eines einfachen, rechtwinkeligen Geradennetzes betrachtet werden, das parallel zu den Koordinatenachsen orientiert ist, d. h. sie können als die Abbildung einer geradlinigen Parallelströmung gelten.

Im 1. Beispiel des Abschnittes 24 wurde gesetzt: $f(z) = az$.

Diese einfache Funktion lieferte eine stationäre Parallelströmung mit der Geschwindigkeit $v = -a$ parallel zur x-Achse. Wir erhalten als Abbildung der ursprünglichen Parallelströmung wieder eine Parallelströmung, jedoch mit dem Unterschiede, daß die quadratischen Maschen des φ- ψ-Netzes in der Abbildung gegenüber dem Original eine andere Größe haben.

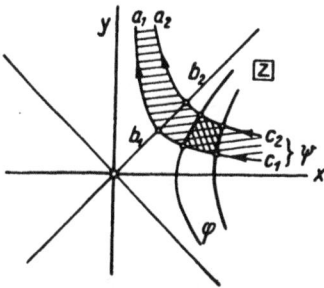

Abb. 79a.

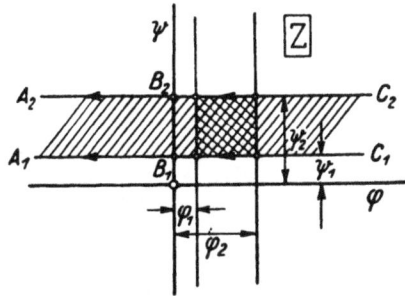

Abb. 79b.

Etwas interessanter gestaltet sich die Abbildung im 2. Beispiel. Dort wurde gesetzt: $f(z) = az^2$. Dies lieferte in

$$\varphi = a(x^2 + y^2) \quad \text{und} \quad \psi = 2axy$$

für die Kurven $\varphi = \text{Konst.}$ und $\psi = \text{Konst.}$ in der z-Ebene nach Abb. 74 zwei orthogonale Scharen gleichseitiger Hyperbeln. Betrachten wir für eine bestimmte Hyperbel $2axy = \psi_1$ den Ast $a_1 b_1 c_1$, dessen Punkte positive Koordinaten besitzen. Durchlaufen wir ihn nach Abb. 79a in der Richtung von a_1 ($y = \infty$, $x = 0$) über b_1 nach c_1 ($y = 0$, $x = \infty$), so erhalten wir als Bild in der Z-Ebene wegen $\psi_1 = \text{Konst.}$ eine Gerade parallel zur φ-Achse, (s. Abb. 79b) $A_1 B_1 C_1$, deren Punkte von A_1 ($\varphi = -\infty$) über B_1 ($\varphi = 0$) nach C_1 ($\varphi = \infty$) durchlaufen werden, im Sinne wachsender Abszissen.

Die Hyperbel $a_2 b_2' c_2$, die einen größeren Parameterwert $2axy = \psi_2$ besitzt, liefert als Abbildung in der Z-Ebene wegen $\psi_2 = \text{Konst.}$ eine Gerade parallel zur φ-Achse $A_2 B_2 C_2$ mit größerem Abstand $\psi_2 > \psi_1$ von der Abszissenachse als vorher.

Die Funktion $f(z) = az^2$ bildet das zwischen den Hyperbelästen $a_1 b_1 c_1$ und $a_2 b_2 c_2$ liegende schraffierte Flächenstück, Punkt für Punkt, umkehrbar eindeutig und konform auf einen Parallelstreifen ab, der von den Geraden $\psi_1 = $ Konst. und $\psi_2 = $ Konst. ($A_1B_1C_1$ und $A_2B_2C_2$) begrenzt ist. Rückt $a_2b_2c_2$ ins Unendliche, dann wandert auch B_2 in den unendlich fernen Punkt.

Für die 2. Hyperbelschar $\varphi = a\,(x^2 + y^2)$ erhalten wir entsprechend in der Z-Ebene als Abbildung wegen $\varphi = $ Konstant eine Schar von Geraden parallel zur ψ-Achse, welche die Linien gleichen Potentials in unserer Parallelströmung darstellen, die parallel zur φ-Achse in Richtung der Pfeile vor sich geht.

Wir sehen also in der Tat, daß jede Funktion $f\,(z)$ in Gl. 43 eine Strömung liefert, die als konforme Abbildung einer einfachen achsen-

$$\alpha = \frac{\pi}{4} \qquad \alpha = \frac{\pi}{2} \qquad \alpha = \pi \qquad \alpha = \frac{3}{2}\pi \qquad \alpha = 2\pi$$

Abb. 80.

parallelen Strömung in einer φ-ψ-Ebene betrachtet werden kann, und umgekehrt.

Für die hier behandelte Strömung zwischen 2 ebenen Wänden, die miteinander einen Winkel α einschließen, lautet die allgemeine Form des komplexen Potentials:

$$Z = \varphi + i\psi = a\,z^{\frac{\pi}{\alpha}}$$

für $\alpha = 90^0 = \dfrac{\pi}{2}$ geht die Funktion über in $f\,(z) = a\,z^2$, die wir soeben besprochen haben. Die Abb. 80 zeigen die Strömung für die Winkel:

$$1. \quad \alpha = \frac{\pi}{4} \qquad \text{oder} \qquad Z = a\,z^4,$$

$$2. \quad \alpha = \frac{\pi}{2} \qquad \text{oder} \qquad Z = a\,z^2,$$

$$3. \quad \alpha = \pi \qquad \text{oder} \qquad Z = a\,z, \text{ (Parallelströmung)},$$

$$4. \quad \alpha = \frac{3}{2}\,\pi \qquad \text{oder} \qquad Z = a\,\sqrt[3]{z^2},$$

$$5. \quad \alpha = 2\,\pi \qquad \text{oder} \qquad Z = a\,\sqrt{z}.$$

Die Geschwindigkeit in der Ecke ist für $\alpha < \pi$ gleich Null, für $\alpha > \pi$ gleich unendlich.

Ein Punkt in dem $v = \infty$ heißt „Saugpunkt", weil dort nach der Druckgleichung 11 $p = -\infty$ wird.

Zum Schlusse wollen wir noch ein Beispiel des umgekehrten Ansatzes:

$$z = F(Z)$$

betrachten. Wird nämlich durch die analytische Funktion:

$$Z = f(z)$$

die Ebene z in den kleinsten Teilen ähnlich auf die Ebene Z abgebildet, so kann auch z als konforme Abbildung von Z betrachtet werden. Der Übergang von der Z-Ebene zur z-Ebene wird durch die inverse Funktion:

$$z = F(Z)$$

geleistet.

Die Umkehrung der Gl. 43 lautet:

$$z = x + iy = F(\varphi + i\psi) = F(Z) \quad \ldots \ldots \ldots \text{43a}$$

Als Beispiel wählen wir:

$$z = a e^Z \quad \ldots \ldots \ldots \ldots \ldots \text{44}$$

oder

$$x + iy = a e^{(\varphi + i\psi)},$$

oder

$$x + iy = a e^{\varphi}(\cos\psi + i\sin\psi),$$

daher

$$x = a e^{\varphi} \cdot \cos\psi \quad \text{und} \quad y = a e^{\varphi} \cdot \sin\psi,$$

damit wird die Potentialfunktion:

$$x^2 + y^2 = a^2 e^{2\varphi} \quad \ldots \ldots \ldots \ldots \text{45}$$

und die Stromfunktion:

$$y = x \operatorname{tg}\psi \quad \ldots \ldots \ldots \ldots \ldots \text{46}$$

d. h. die Äquipotentiallinien sind konzentrische Kreise um den Pol, und die Stromlinien bilden die Radien dieser Kreise. Der oben gewählte Ansatz liefert uns daher das Strombild der punktförmigen „Quelle" oder „Senke", in dessen Zentrum Flüssigkeit entspringt oder versinkt.

Durch beiderseitiges Logarithmieren der Gl. 45 erhalten wir das Potential der Senke zu:

$$\varphi = \frac{1}{2}\ln\frac{x^2 + y^2}{a^2} \quad \ldots \ldots \ldots \ldots \text{45a}$$

Die Geschwindigkeitskomponenten werden dann nach den Gl. 9

$$v_1 = -\frac{\partial \varphi}{\partial x} = -\frac{x}{x^2 + y^2} = -\frac{x}{r^2}$$

und

$$v_2 = -\frac{\partial \varphi}{\partial y} = -\frac{y}{x^2 + y^2} = -\frac{y}{r^2}$$

oder

$$v = \sqrt{v_1^2 + v_2^2} = \sqrt{\frac{x^2 + y^2}{r^4}} = \frac{1}{r} \quad \dots \dots \dots 47$$

oder $v \cdot r = 1$; d. h. die Geschwindigkeitszunahme der radialen Strömung erfolgt nach dem Gesetze einer gleichseitigen Hyperbel, derart, daß die Flüssigkeit im Pol mit unendlicher Geschwindigkeit versinkt, entsprechend dem dort verschwindenden Querschnitt der Stromröhren. Einer Umkehrung der Strömungsrichtung entspricht das Strombild der Quelle, deren Potentialfunktion durch Gl. 45a mit negativem Vorzeichen gegeben ist. Für $r = \infty$ wird $v = 0$ entsprechend dem dort unendlich großen Stromröhrenquerschnitt.

Die Ergiebigkeit q der ebenen Quelle für einen Zylindermantel von der Höhe 1 ist dann für irgend einen Radius r vom Ursprung:

$$q = 2r\pi \cdot 1 \cdot v = 2r\pi \cdot \frac{1}{r} = 2\pi$$

oder allgemein für

$$v = \frac{c}{r}$$

$$q = 2\pi c \quad \dots \dots \dots \dots 48$$

Für eine kugelförmige Quelle müßte sein:

$$q = 4r^2\pi \cdot v = \text{Konst.},$$

daher

$$v = \frac{c}{r^2}$$

oder

$$q = 4\pi c \quad \dots \dots \dots \dots 49$$

Das Strombild der Quelle oder Senke zeigt Abb. 77a.

Die Vertauschung der φ- und ψ-Linien ergibt die uns bereits aus Abschnitt 19 geläufige Zirkulationsströmung in konzentrischen Kreisen um den Ursprung. Wir erhalten an Stelle der Gl. 45 und 46 jetzt für die Potentialfunktion:

$$y = x \operatorname{tg} \varphi \quad \dots \dots \dots \dots 50$$

und für die Stromfunktion:

$$x^2 + y^2 = a^2 e^{2\psi} \quad \dots \dots \dots \dots 51$$

Das Geschwindigkeitspotential wird nun nach Gl. 50

$$\varphi = \text{arc tg } \frac{y}{x} \quad \ldots \ldots \ldots \text{50a}$$

Die Komponenten werden:

$$v_1 = -\frac{\partial \varphi}{\partial x} = \frac{y|}{x^2 + y^2} = \frac{y}{r^2},$$

$$v_2 = -\frac{\partial \varphi}{\partial y} = -\frac{x}{x^2 + y^2} = -\frac{x}{r^2}$$

und damit

$$v = \sqrt{v_1^2 + v_2^2} = \sqrt{\frac{x^2 + y^2}{r^4}} = \frac{1}{r} \quad \ldots \ldots \ldots 52$$

also $v \cdot r = 1$ oder allgemein $v \cdot r = w = \text{Konst.}$ entsprechend dem Gesetze der gleichseitigen Hyperbel, wobei w die Geschwindigkeit im Abstande $r = 1$ bedeutet.

Damit ist gezeigt, daß die in Abschnitt 19 für die Zirkulationsströmung angesetzte Geschwindigkeitsverteilung den Gesetzen einer Potentialströmung entspricht.

Beide Strömungen, die radiale und die Zirkulationsströmung, können nach Abb. 77a nur verwirklicht werden durch Ausschaltung des Zentrums durch einen Kreis, wegen der im Mittelpunkt nach den Gl. 47 und 52 unendlich großen Geschwindigkeit.

27. Konforme Abbildung der Kreiszylinderströmung mit Zirkulation auf eine beliebige Kontur.

In der Funktionentheorie gilt der folgende Satz von Riemann: Es ist immer möglich, das Innere einer beliebigen Kontur umkehrbar eindeutig, stetig und konform auf die Fläche eines Kreises abzubilden und ebenso das Äußere der Kontur auf das Äußere des Kreises, und zwar so, daß das unendlich Ferne ungeändert bleibt.

Hierzu kommt in neuerer Zeit der folgende Satz von Bieberbach: Es gibt stets eine und nur eine Funktion, durch die das Äußere eines Bereiches, dessen Begrenzung eine geschlossene Kurve ohne Doppelpunkt ist, auf das Äußere eines Kreises schlicht, d. h. gegenseitig eindeutig abgebildet wird, wobei das unendlich Ferne ungeändert bleibt. Diese Funktion hat folgende Entwicklung:

$$\zeta = z + \frac{a_1}{z} + \frac{a_2}{z^2} + \frac{a_3}{z^3} + \quad \ldots \ldots \ldots 53$$

Die Konstanten a_1, a_2, a_3 usw. sind im allgemeinen komplexe Größen.

Die allgemeinste Form der Kreisströmung bildet die Zusammensetzung einer Parallelströmung von der Geschwindigkeit v_0 im Unendlichen mit einer Zirkulation Γ. Die komplexe Strömungsfunktion oder auch das komplexe Potential dafür ist bekannt.

In symbolischer Form angeschrieben haben wir dafür nach Gl. 43:

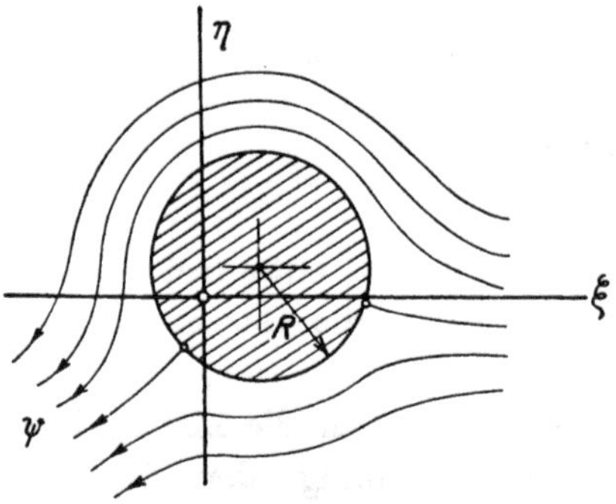

$$\varphi + i\psi = f(\xi + i\eta) = f(\zeta) \quad . \; 54$$

in einer ξ-η-Ebene, deren Punkte nach Abb. 81a durch die komplexe Variable $\zeta = \xi + i\eta$ gekennzeichnet sind.

Das unbekannte komplexe Potential einer vorgelegten Kontur schreibt sich ebenfalls nach Gl. 43:

Abb. 81a.

$$\varphi' + i\psi' = f(x + iy) = f(z) \quad . \; 55$$

in einer x-y-Ebene, deren Punkte nach Abb. 81b durch die komplexe Variable $z = x + iy$ bestimmt sind.

Wenn es nun gelingt, eine abbildende oder vermittelnde Funktion:

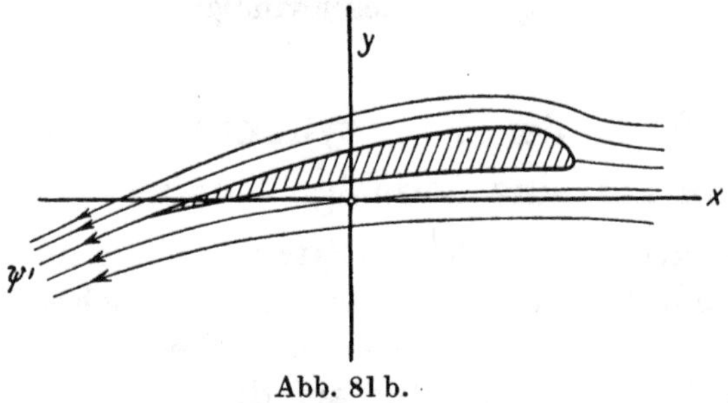

$$\zeta = F(z) \quad . \; . \; . \; 56$$

derart aufzufinden, daß die in der z-Ebene (Abb. 81b) gezeichnete Kontur konform in den Kreis der ζ-Ebene übergeführt wird, so geht mit der Formänderung

Abb. 81b.

des Profiles auch gleichzeitig die der Stromlinien vor sich.

Durch Einsetzen der Gl. 56 in die Gl. 54 erhalten wir:

$$\varphi + i\psi = f(\zeta) = f[F(z)] \quad . \; . \; . \; . \; . \; . \; . \; . \; 57$$

wodurch das komplexe Potential unseres Kreises in eine Funktion von z übergeht, derart, daß mit dem Profil gleichzeitig auch Stromlinie um Stromlinie der Kreiskontur $\psi(\xi, \eta)$ sich verwandelt in die Stromlinien: $\psi'(x, y)$ der beliebigen Kontur, und umgekehrt.

Mit der Auffindung der Funktion Gl. 56, die die beliebige Kontur in den Kreis überführt. wäre also das Stromlinienbild um die beliebige Kontur bekannt.

Das komplexe Potential der allgemeinen Kreisströmung lautet:

$$\varphi + i\psi = -v_0\left(\zeta + \frac{R^2}{\zeta}\right) - \frac{i\Gamma}{2\pi}\ln\zeta, \ldots \ldots 58$$

wobei v_0 parallel zur Abszissenachse gerichtet ist und der Mittelpunkt des Kreises mit dem Radius R zum Anfangspunkt des Koordinatensystems gewählt wurde.

Alle in der Flugtechnik verwendeten Profile besitzen eine scharfe Hinterkante, das Profil hat daher an dieser Stelle eine Spitze, die, wie man zeigen kann, auf denjenigen Punkt der Kreisperipherie abzubilden ist, die mit dem hinteren Staupunkt zusammenfällt. Die Staupunkte nennt man auch Spaltungspunkte, weil dort die den Kreis enthaltende Stromlinie sich spaltet.

Da in dem hinteren Eckpunkt des Profiles $dz = 0$ ist, so wird dort $\frac{d\zeta}{dz} = \infty$. Dieser Endpunkt ist daher ein singulärer Punkt, in dem die Abbildung nicht mehr konform ist.

Die Wahl der Staupunkte ist also für die Abbildung wichtig. Sie bestimmt nach Gl. 30 (Abschnitt 22) mit der Wahl von w auch die Größe der Zirkulation $\Gamma = 2\pi w$.

Der Wert der Zirkulation Γ, d. h. das Linienintegral um eine das Profil oder den Kreis umschlingende Kurve ändert sich durch den Abbildungsvorgang nicht. Es ist nämlich nach Gl. 38

$$\Gamma = \oint v \cdot d\mathfrak{z} = \oint\left(\frac{\partial\varphi}{\partial x}\,dx + \frac{\partial\varphi}{\partial y}\,dy\right) = -\oint d\varphi.$$

Es läßt sich nun die Zirkulation deuten als die algebraische Summe der Anzahl der Potentiallinien, die zu äquidistanten, jedesmal um die Einheit differierenden Parameter φ gehören, und die man bei einem Umlauf um die Kontur überschreitet, wenn man jeden Schritt positiv oder negativ zählt, je nachdem φ zu- oder abnimmt.

Da sich die beiden Strombilder Linie für Linie entsprechen, so muß die Zirkulation stets die gleiche Zahl liefern.

Die Geschwindigkeiten zugeordneter Punkte der Stromlinien ändern sich dagegen vollständig.

28. Allgemeiner Beweis des Satzes von Joukowski.

Im Abschnitte 22 ist der Satz von Joukowski für den Sonderfall des Kreiszylinders mit Zirkulation bewiesen worden. Wir erhielten für die Auftriebskraft P nach Gl. 29:

$$P = \frac{\gamma}{g} \Gamma v_0.$$

Es soll nun mit Hilfe des Impulssatzes der Mechanik gezeigt werden, daß diese Gleichung ganz allgemein für jede beliebige Kontur Geltung behält.

Zunächst soll jedoch an einem einfachen Beispiel die Anwendung des Impulssatzes erläutert werden. Betrachten wir einen vollständig mit strömender Flüssigkeit erfüllten Kanal, aus dem wir nach Abb. 82 uns ein Stück herausgeschnitten denken.

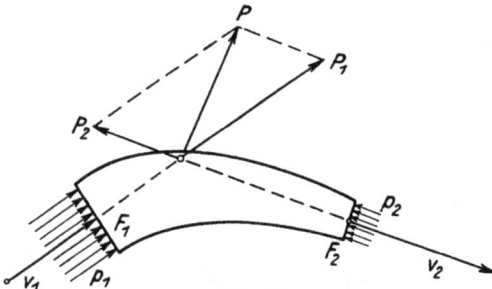

Der Impulstransport durch die Einströmungsfläche F_1 ist dann pro Zeiteinheit, wenn m die Masse bedeutet:

$$m v_1 = \frac{\gamma}{g} F_1 \cdot v_1^2.$$

Abb. 82.

Dazu kommt noch eine Druckkraft in der gleichen Richtung von der Größe $p_1 F_1$, so daß wir im ganzen eine Kraft erhalten:

$$P_1 = F_1 \left(\frac{\gamma}{g} v_1^2 + p_1 \right).$$

Eine entsprechende Kraft findet man für den Ausströmungsquerschnitt F_2 des Kanalstückes, da die Reaktionskraft des ausfließenden Strahles sich zu den als Außenkräften anzubringenden Drucken p_2 addiert. Es wird daher die gesamte Kraft:

$$P_2 = F_2 \left(\frac{\gamma}{g} v_2^2 + p_2 \right).$$

Die Resultierende P beider Kräfte ist die in Wirklichkeit durch Druckkräfte an den Wänden hervorgerufene Kraftwirkung der strömenden Flüssigkeit auf das Kanalstück.

Der Impulssatz der Mechanik läßt sich nun ebensogut auf eine unendlich ausgedehnte Flüssigkeitsmasse anwenden, wie dies bereits im Abschnitte 12 gezeigt wurde.

Zum allgemeinen Beweise des Satzes von Joukowski verwenden wir nun eine sogenannte Gitterströmung, in der ein und dasselbe beliebige Profil nach Abb. 83 in gleichen Abständen a senkrecht übereinander in unendlicher Wiederholung wie gezeichnet angeordnet sein möge.

In genügend großer Entfernung, strenggenommen freilich erst in ∞ großem Abstande x vom Profil, wird die Horizontalkomponente der Geschwindigkeit gleich v_0 werden müssen, d. i. die Ge-

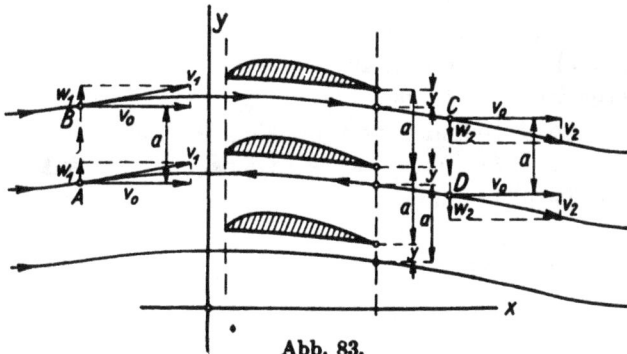

Abb. 83.

schwindigkeit der durch keine Fremdkörper gestörten Strömung parallel zur x-Achse.

In Richtung der x-Achse kann nach dem Impulssatze eine Kraft, also ein Widerstand, offenbar nicht auftreten, da bei hinreichendem Abstande der Querschnitte eines Stromröhrenstückes vor und hinter dem Profil, sowohl die Impulstransporte als auch die Druckkräfte gleich groß, aber entgegengesetzt gerichtet sind.

Es kann daher eine Kraft P nur senkrecht zur Strömung v_0 im Unendlichen, also senkrecht zur x-Achse stehen, die einen Auftrieb darstellt.

Nach dem Impulssatze ist $P = m w_1 + m w_2$. Die sekundliche Masse $m = \dfrac{\gamma}{g} a v_0$, wenn wir die zwischen den Ebenen $z = 0$ und $z = 1$ strömende Flüssigkeitsmasse ins Auge fassen.

Daher wird:

$$P = \frac{\gamma}{g} a v_0 (w_1 + w_2).$$

Nun ist aber die Zirkulation auf der Linie $ABCD$ gleich $a(w_1 + w_2) = \Gamma$, da die Linienintegrale auf den Stromlinien BC und DA in der Gitterströmung wegen vollkommener Analogie der Geschwindigkeiten sich gegenseitig aufheben müssen. Setzen wir daher die Zirkulation Γ in die Auftriebsgleichung ein, so erhalten wir wieder unsere Gl. 29.

$$P = \frac{\gamma}{g}\,\Gamma \cdot v_0\,.$$

Lassen wir nun a unendlich wachsen, dann ist das Gitter beseitigt und wir erhalten das isolierte beliebig angenommene Profil, womit der Satz von Joukowski allgemein bewiesen ist. Es handelt sich dabei freilich nicht um einen strengen Beweis[1]). Er genügt aber für unsere Zwecke vollkommen. Joukowski selbst hat dafür auch den strengen Beweis erbracht.

Wir erhalten also in der Strömung mit Zirkulation um den unendlich langen Zylinder von beliebigem Querschnitt keinerlei Widerstand, sondern nur eine Auftriebskraft P senkrecht zur ungestörten Parallelströmung.

29. Die Theorie der Tragfläche mit unendlicher Spannweite.

Abb. 84a zeigt die reine Potentialströmung um das dort gezeichnete Joukowskische Tragflächenprofil. Sie erzeugt keinerlei Kräfte in der reibungslosen Flüssigkeit.

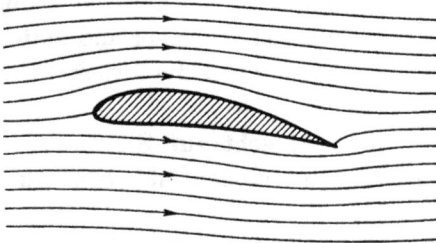
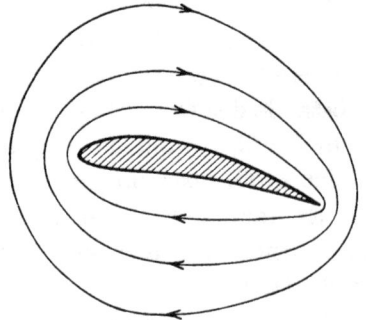

Abb. 84a.   Abb. 84b.

Abb. 84b zeigt die reine Zirkulationsströmung um den unendlich langen Zylinder mit dem Querschnitte des Profiles. Auch diese

---

[1]) Dieser Beweis ist eine Spezialisierung eines allgemeinen und strengen Beweises von Prandtl für die Potentialströmung durch Schaufelgitter.

ist als reine Potentialströmung nicht in der Lage, irgend eine Kraftwirkung auf das Profil hervorzurufen.

Abb. 84c zeigt die Kombination beider Strömungen, durch die
wir eine Auftriebskraft erhalten, senkrecht zur Geschwindigkeit v_0
der ungestörten Parallelströmung, aber keinen Widerstand in Richtung der Bewegung.

Das Stromlinienbild 84c wird erhalten durch konforme Abbil-
dung der allgemeinen Strömung um die Kreiskontur mit Hilfe einer
abbildenden Funktion nach
Gl. 56, wobei die Zirkulation
Γ so zu wählen ist, daß die
Spitze am hinteren Ende des
Profiles einem Staupunkte des
Kreises zugeordnet ist, damit
an dieser Spitze ein glattes
Abströmen erfolgt.

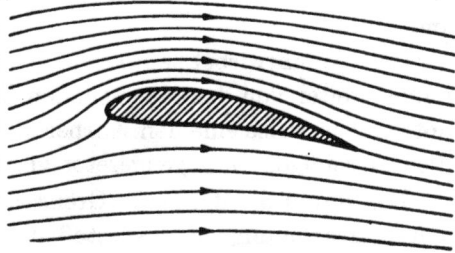

Abb. 84c.

In der reinen Potential-
strömung wird die Spitze nach
Abschnitt 26 als ausspringende Ecke mit unendlicher Geschwindigkeit umströmt, da der Staupunkt oder Spaltungspunkt nach
Abb. 84a auf der oberen Seite der Tragfläche liegt.

Andererseits wird die ausspringende Ecke von der Zirkulationsströmung für sich in
entgegengesetzter Richtung ebenfalls mit unendlicher Geschwindigkeit passiert, so daß durch
geeignete Zusammensetzung der

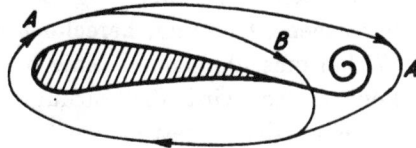

Abb. 85

beiden unendlichen Geschwindigkeiten nach Abb. 84c ein glattes
Abströmen mit endlicher Geschwindigkeit an der Hinterkante erreicht werden kann. Dies wird durch passende Wahl der Staupunkte und damit der Zirkulation erzielt.

Es frägt sich nun, wie die zum Auftrieb erforderliche Zirkulationsströmung praktisch entsteht und aufrechterhalten wird.

Die Strömung mit Zirkulation entsteht aus der einfachen Potentialströmung durch Abspaltung eines Wirbels beim Beginn der
Bewegung infolge des heftigen (theoretisch unendlichen) Umströmens der Hinterkante des Profils. Er heißt nach Prandtl der
„Anfahrwirbel" (s. Abb. 85).

Nun besitzt ein einzelner Wirbel eine unendlich große Bewegungsenergie und kann daher nur theoretisch bestehen. Zwei gegenläufige Stabwirbel gleicher Stärke mit endlichem Abstand ihrer parallelen Achsen dagegen ergeben einen endlichen Energiebetrag, wie später noch gezeigt werden soll.

Derartige Wirbel können daher in der Natur nur paarweise auftreten. Bei einem symmetrischen Profil erfolgt die Ablösung der Wirbel ohne weiteres paarweise wie in Abb. 23, während bei einem stets unsymmetrischen Tragflächenprofil die Wirbelablösung nur einseitig vor sich gehen kann, wie Abb. 85 andeutet.

Der Anfahrwirbel entfernt sich im Verlaufe der Strömung immer weiter von dem erzeugenden Körper und läßt zum Ausgleich notwendigerweise eine den Körper umströmende Zirkulation zurück, die der seinigen entgegengesetzt gleich ist.

Der durch die drehende Grenzschicht (s. Abb. 62) in die freie Potentialströmung hinausgestoßene Wirbel ist daher die physikalische Ursache des Einsetzens einer Zirkulation.

Die Zirkulation längs der Linie A—A in Abb. 85 ist daher gleich Null, längs der Linie A—B dagegen von Null verschieden, nämlich gleich und entgegengesetzt der Stärke des Anfahrwirbels.

Da keine Veranlassung besteht, daß die gesamte Zirkulation der freien Strömung, berechnet auf einer das Profil und sämtliche Wirbel umschlingenden Linie, ursprünglich gleich Null, sich ändern könnte, so wird die Zirkulation aller von der Grenzschicht nacheinander abgestoßenen Wirbel ihr Äquivalent finden in einer allmählich um den Körper entstehenden Zirkulation, deren Drehsinn dem der Wirbel entgegengesetzt ist.

Bei einem symmetrischen Profil, wie beim Kreiszylinder nach Abb. 23, können die Wirbel von der Grenzschicht sich aus Symmetriegründen nur paarweise ablösen, so daß also ein solcher Körper in der Flüssigkeit mit geringer Reibung keine Zirkulation als Äquivalent der abgehenden Wirbel empfängt und damit auch keinen Auftrieb. Ein solches Profil könnte daher in einer wirklichen Atmosphäre nicht fliegen, der Kreiszylinder nur dann, wenn er selbst gleichzeitig um seine Achse rotiert und auf diese Weise durch einseitige Wirbelablösung eine Zirkulation um sich erzeugt. (Magnuseffekt, Flettner-Rotor.)

Andererseits besteht in der idealen Flüssigkeit keine Grenzschicht und also auch keine Möglichkeit, Zirkulation erzeugende

Wirbel abzuspalten. In einer ruhenden, reibungslosen Atmosphäre
ist daher ein Flug nicht denkbar.

Da in der reibungslosen Flüssigkeit ein Wirbel weder erzeugt
noch, falls er von Uranfang vorhanden, vernichtet werden kann,
so müßte das Profil von vorn-
herein mit einer Zirkulation aus-
gestattet sein, um das Fliegen
zu ermöglichen. Damit wäre jedoch schon das gesamte unbegrenzte Medium in Bewegung
gesetzt, was einer unendlich großen Bewegungsenergie entspricht.

Vergleichen wir nun die theoretischen Ergebnisse der konformen Abbildung und der daraus
berechneten Auftriebskräfte mit
der Wirklichkeit, so ergibt sich
eine außerordentlich befriedigende
Übereinstimmung. Abb. 86 zeigt
nach den von Betz in der Göttinger Aerodynamischen Anstalt
durchgeführten Versuchen für
ein Joukowskiprofil etwa nach
Abb. 84 die Auftriebs- und Widerstandskräfte für die Anstellwinkel
von — 10° bis + 15°. Unter

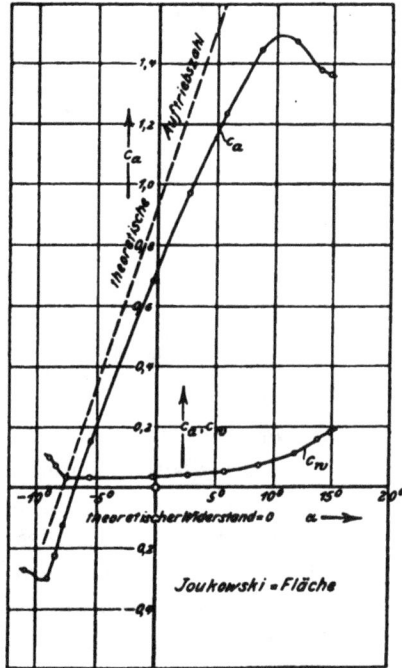

Abb. 86.

Anstellwinkel verstehen wir den Winkel, unter dem die Sehne
des Profiles vom Luftstrom getroffen wird. Die ebene Strömung,
d. h. die unendliche Spannweite der Tragfläche kann beim
Versuch dadurch verwirklicht werden, daß man die Tragfläche
mit konstantem Profil zwischen zwei parallele ebene Wände
einspannt.

Abb. 86 zeigt, daß die gemessenen Auftriebswerte (ausgezogene
c_a-Linie) mit den theoretischen Werten gut übereinstimmen. Letztere sind etwas größer, da die Zirkulation in Wirklichkeit durch die
Grenzschicht gebremst wird und daher nicht ganz den theoretisch
erforderlichen Wert erreicht.

Der theoretische Widerstand der unendlichen Tragfläche ist
gleich Null. Die gemessenen sehr geringen Widerstände (c_w-Linie)
erklären sich vollkommen durch die Luftreibung.

Auch die gemessene Druckverteilung über das Profil stimmt mit der theoretisch berechneten sehr gut überein. Abb. 87 zeigt diese Druckverteilung für einen Anstellwinkel von 6°, wobei die gestrichelte Linie wieder den theoretischen Werten entspricht. Der geringe Unterschied ist ebenfalls wieder in der durch Reibung verminderten Zirkulation zu suchen.

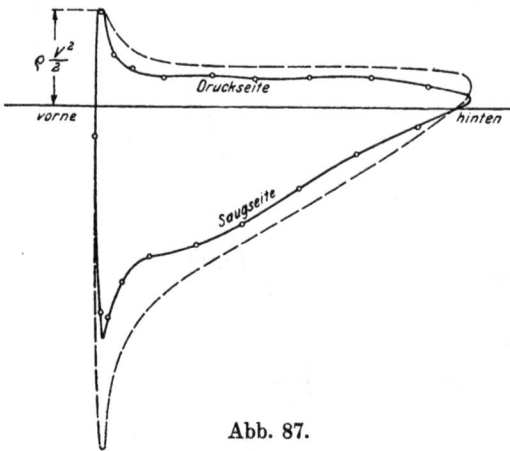

Abb. 87.

Die Betrachtung dieser Abbildung läßt deutlich erkennen, daß man weniger deshalb fliegt, weil der Tragflügel auf der Unterseite höheren Druck empfängt, sondern hauptsächlich wegen der auf der oberen Seite auftretenden, nach oben gerichteten Saugwirkung. In der Abbildung bedeuten die positiven Ordinaten die Vermehrung des atmosphärischen Luftdruckes auf der Unterseite (Überdrucke), die negativen Ordinaten die Verminderung des atmosphärischen Druckes auf der Oberseite (Unterdrucke) infolge der Strömung. Nach unserer Abbildung werden mehr als ⅔ des gesamten Auftriebes durch Saugwirkung geleistet.

30. Die Energie überlagerter Wirbelsysteme.

Ein einzelner Stabwirbel besitzt eine unendliche große Energie. Das ist leicht einzusehen, kann aber auch leicht bewiesen werden. Ein Kreiszylinder mit dem Radius R sei von einer Zirkulation von der Stärke $2\pi w$ umströmt. Wählen wir einen Kreisring vom Radius x und der Breite dx aus, so ergibt sich dessen kinetische Energie zu $dm \dfrac{v^2}{2} = dE$. Die Masse ist proportional seiner Fläche, also gleich $2x\pi dx$ und $v = \dfrac{w}{x}$. Es wird daher:

$$dE = \pi \frac{w^2}{x} dx$$

oder
$$E = \pi w^2 \int\limits_{R}^{\infty} \frac{dx}{x} = \pi w^2 \left[\ln x \right]_{R}^{\infty} = \infty \,.$$

Wenn der Durchmesser des Zylinders Null wird, dann wird auch die Energie innerhalb einer Stromlinie mit endlichem Radius $x = a$ unendlich groß, denn wir erhalten jetzt:

$$E = \pi w^2 \int\limits_{0}^{a} \frac{dx}{x} = \pi w^2 \left[\ln a - \ln 0 \right] = \infty$$

da $\ln 0 = -\infty$. Freilich ist das Wirbelzentrum praktisch stets ausgeschaltet. Wegen seiner unendlich großen Energie hat ein einziger Stabwirbel nur eine theoretische Bedeutung.

Es soll nun gezeigt werden, daß das unendlich große resultierende Feld zweier gleich starker gegenläufiger Stabwirbel eine endliche Energie besitzt.

Zur Ermittelung dieser Energie gibt es eine ebenso einfache wie interessante Methode. Wenn wir die φ- und ψ-Linien einer ebenen Strömung so zeichnen, daß sich ein quadratisches Netz ergibt und wir betrachten in Abb. 73 eines dieser Quadrate mit der Seitenlänge a, dann ist die kinetische Energie der von diesem Quadrate eingeschlossenen Masse m gleich $m\dfrac{v^2}{2}$, wenn v die Geschwindigkeit im Mittelpunkte des Quadrates bedeutet. Nun ist die Masse m proportional der Fläche des Quadrates, also $m = a^2$, und außerdem ist die Geschwindigkeit v an jeder Stelle proportional dem reziproken Werte des Durchflußquerschnittes $\dfrac{1}{a}$, denn es gilt für alle Stellen: $va = v'a' = \cdots = \mathrm{Konst.} = C$, daher $v = \dfrac{C}{a}$. Daher erhalten wir für die Energie im Quadrate:

$$\frac{mv^2}{2} = \frac{a^2 \cdot C^2}{2\,a^2} = \frac{C^2}{2} = \mathrm{Konst.}$$

Die Energie jedes Elementes, das von den φ- und ψ-Linien für gleiche Intervalle von φ und ψ gebildet wird, ist überall gleich groß.

Diesen Satz wenden wir nun an auf das Feld zweier gegenläufiger gleich starker Stabwirbel, deren resultierendes Stromlininenbild uns aus Abb. 66 bekannt ist. Die Stromlinien bilden exzentrische Kreise. Zeichnen wir uns dazu noch die Linien gleichen Potentials ein, die

ebenfalls Kreise liefern, die alle durch die Wirbelzentren hindurch-
gehen, so entdecken wir darunter einen Kreis, dessen Durchmesser
gleich dem Abstande der Wirbelzentren ist. In Abb. 88 ist dieser
Kreis stark ausgezogen. Man kann nun leicht durch Nachzählen
feststellen, daß die Zahl der quadratischen Maschen auf der unendlich großen Fläche außerhalb dieses Kreises gerade so groß ist wie
diejenige innerhalb dieses Kreises, nämlich 54 pro Quadrant.

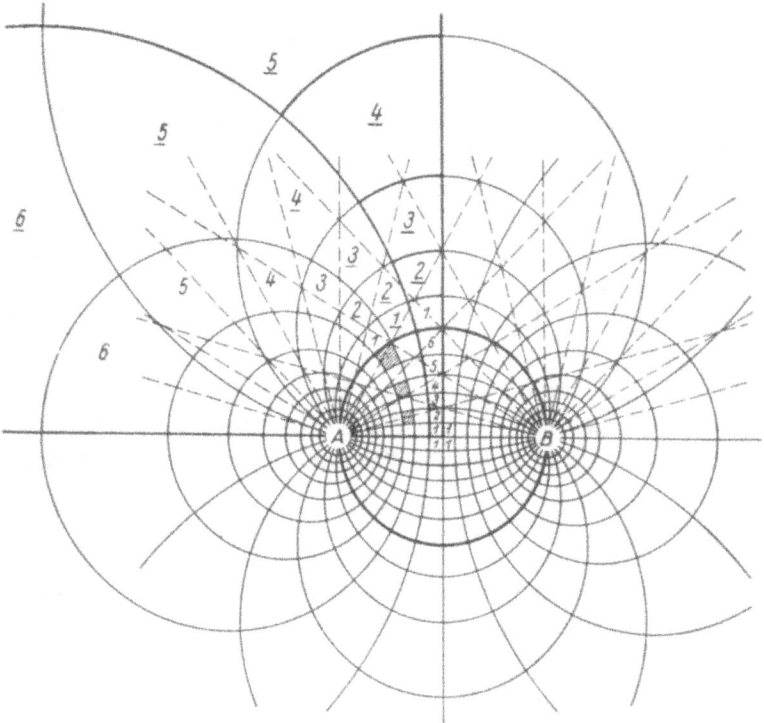

Abb. 88.

Die gesamte kinetische Energie E innerhalb des Grenzkreises
ist leicht zu berechnen. Sie ist selbstverständlich eine endliche
Größe. Zur Berechnung braucht man nach unserem Satze von der
Konstanz der Energie diese nur für ein einziges Element zu berechnen
und den gefundenen Wert mit der Zahl der Elemente zu multiplizieren. Die Energie auf der unendlich großen Fläche außerhalb
des Grenzkreises ist dann ebenso groß, denn wie groß auch die
Maschen außerhalb des Kreises sein mögen, ihre Energie bleibt
stets dieselbe. Die gesamte Energie des Feldes ist dann gleich $2E$,
also eine endliche Größe.

Zur Berechnung von E wählen wir die 4 Quadrate, die sich um den Mittelpunkt des Kreises gruppieren und die mit *1* bezeichnet sind. Wir fassen sie zu einem einzigen Elemente zusammen, dessen Schwerpunkt im Mittelpunkte unseres Kreises liegt. Ist r der Radius des Kreises, dann erzeugt jeder Wirbel im Mittelpunkt des Kreises die gleiche Geschwindigkeit $\dfrac{w}{r}$, die senkrecht auf der Verbindungs- geraden $A\,B$ der beiden Wirbelzentren steht. Der Schwerpunkt des Elementes besitzt daher die Geschwindigkeit $v = \dfrac{2\,w}{r}$, so daß die Energie wird:

$$m\,\frac{v^2}{2} = f\,\frac{2\,w^2}{r^2},$$

wenn f den Flächeninhalt des Elementes bedeutet. Das Element *1* besitzt den 4. Teil dieser Energie, und es wird daher die Energie $\varDelta E$ dieses und sämtlicher übrigen Elemente:

$$\varDelta E = f\,\frac{w^2}{2\,r^2}.$$

Dieser Wert ist leicht zahlenmäßig zu berechnen. Durch Multi- plikation mit der Zahl der Elemente innerhalb des Kreises, in unserem Beispiel 216, erhalten wir die Energie der vom Grenzkreis umschlos- senen Flüssigkeitsmenge $E = 216\,\varDelta E$, deren doppelter Wert die endliche Energie des gesamten Feldes darstellt.

Haben beide Wirbel verschiedene Stärke, so ist leicht einzusehen, daß dann die Feldenergie wiederum unendlich groß wird. Ist z. B. die Stärke des einen Wirbels um $\varDelta w$ größer, also $w + \varDelta w$, dann lassen sich zwei gleichstarke Wirbel von der Stärke w zu einem resultierenden Felde nach Abb. 66 mit endlicher Energie abspalten, dem noch ein einzelner Wirbel von der Stärke $\varDelta w$ überlagert wird, dessen Energie unendlich ist. Daher wird auch die Gesamtenergie wieder unendlich groß. Aus diesem Grunde muß den hinter der Tragfläche abgehenden Wirbeln stets eine Zirkulation um die Trag- fläche entsprechen, von gleicher Stärke und entgegengesetztem Dreh- sinn, wie dies im letzten Abschnitt besprochen wurde.

31. Die Theorie der Tragfläche mit endlicher Spannweite.

So befriedigend die Theorie der unendlichen Tragfläche mit der Wirklichkeit übereinstimmte, so wenig war sie auf die endlich be- grenzte Tragfläche anwendbar, da bei dieser die reine ebene Strömung nicht vollständig verwirklicht ist. Selbst für ein Verhältnis der Profiltiefe zur Spannweite von 1 : 8 ergaben die Versuche schon recht erhebliche Abweichungen. Außerdem liefert die unendliche Tragfläche den Widerstand Null, während die beträchtlichen Widerstandskräfte beim wirklichen Fluge durch die Reibung allein nicht erklärt werden konnten.

Nun hat zum erstenmal Lanchester darauf aufmerksam gemacht, daß nach unserem Satze am Schlusse des Abschnittes 18 die Zirkulation an den Enden der begrenzten Tragfläche sich in Gestalt zweier Wirbelzöpfe fortsetzen müsse, da ja ein Wirbel nicht innerhalb der Flüssigkeit anfangen oder enden kann. Diese Fortsetzung des Zirkulationswirbels stellte man sich etwa nach Abb. 89 vor. Auf Grund von Göttinger Versuchen

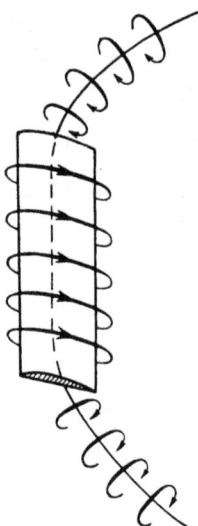

Abb. 89.

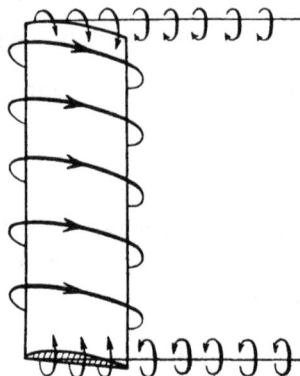

Abb. 90.

hat sich jedoch herausgestellt, daß das Bild der Abb. 90 dem tatsächlichen Wirbelsystem ziemlich genau entspricht. Die Göttinger Aufnahmen Abb. 91a und 91b[1]) zeigen deutlich die von den Enden der Fläche abgehenden Wirbelzöpfe, die durch Einblasen von Salmiakdämpfen in die Strömung sichtbar gemacht worden sind.

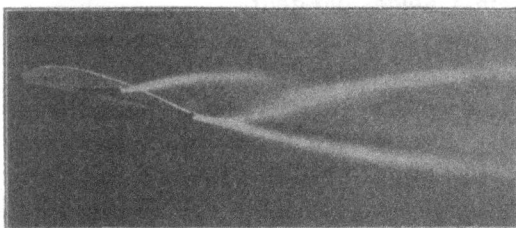

Abb. 91a.

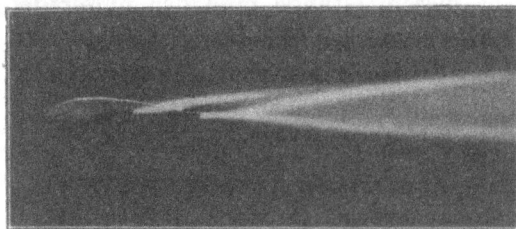

Abb. 91b.

[1]) Aus Prandtl, Ergebnisse der Aerodynamischen Versuchsanstalt zu Göttingen, 2. Lieferung, Verlag von R. Oldenbourg, München u. Berlin 1923.

Die Notwendigkeit der Entstehung dieser Wirbelzöpfe ist leicht einzusehen. Es muß nämlich infolge der Druckdifferenz auf Unter- und Oberseite der Fläche ein Umströmen der Flügelränder von unten nach oben eintreten, wie in Abb. 90 eingezeichnet.

Diese senkrecht zur Flugrichtung einsetzende Strömung gibt im Verein mit dem in der Längsrichtung der Tragfläche liegenden Wirbelfaden in erster Annäherung ein Wirbelgebilde als Ersatz für die bewegte Fläche von der Gestalt der Abb. 92. Der Wirbel umkreist stets im Uhrzeigersinne die Achse in Richtung der Pfeile gesehen. Durch theoretische Erfassung dieses einfachen Wirbelgebildes gelang es, bereits bemerkenswerte Fortschritte in der

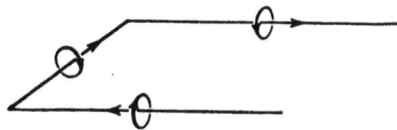

Abb. 92.

Theorie der endlichen Tragfläche zu erzielen. Die Auftriebsverteilung ist dabei konstant über die ganze Tragfläche angenommen. In diesem Falle müssen die durch das Umströmen der Flügelränder entstehenden Wirbel theoretisch mit der Stärke Γ der Zirkulation um die Tragfläche übereinstimmen. Das begleitende gegenläufige Wirbelsystem bewegt sich dabei langsam abwärts mit einer Geschwindigkeit

$$\frac{w}{b} = \frac{2\pi w}{2\pi b} = \frac{\Gamma}{2\pi b} \quad \ldots \ldots \ldots 59$$

wenn b den Abstand der Wirbelzentren, d. h. die Spannweite der Tragfläche bedeutet. Es ist dies die Geschwindigkeit, welche jeder Wirbel dem Zentrum des anderen erteilt. Zwei gleich starke, gegenläufige Stabwinkel bewegen sich daher stets senkrecht zu der durch ihre Achsen gelegten Ebene mit einer Geschwindigkeit $\frac{w}{b}$, die gleich ist dem 4. Teile der Geschwindigkeit, die beide Wirbel zusammen einem Flüssigkeitsteilchen in der Mitte der Verbindungslinie AB in Abb. 66 erteilen.

Die zunächst angenommene konstante Verteilung des Auftriebes über die ganze Spannweite entspricht jedoch der Wirklichkeit noch nicht genau. Der Auftrieb sinkt vielmehr von einem Maximum in der Mitte nach den Flügelspitzen zu bis auf Null. Dem entspricht eine von innen nach außen abnehmende Zirkulation. Es wird dann einer jeden Verminderung der Zirkulation $d\Gamma$ ein Äquivalent entsprechen in einem von der Hinterkante daselbst abgespal-

tenen Wirbelfaden von der gleichen Stärke (s. Abb. 93), so daß
jetzt an Stelle der Wirbelzöpfe eine ganze Wirbelfläche den Flug
der Platte begleitet. Ein solches Wirbelband, das sich nun seitlich
mehr und mehr aufrollt, je weiter die Fläche sich entfernt, ver-
anschaulicht Abb. 94. Seine Entstehung infolge des Umströmens
der Tragflächenenden muß man sich durch das Strömungsbild
Abb. 95a hervorgerufen denken, das, nachdem die Tragfläche den

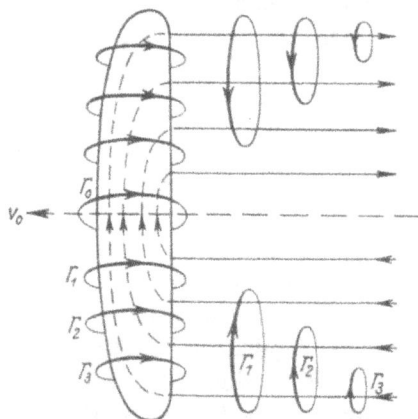

Abb. 94.

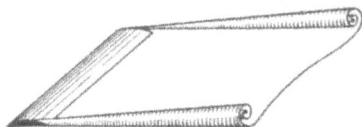

Abb. 93.

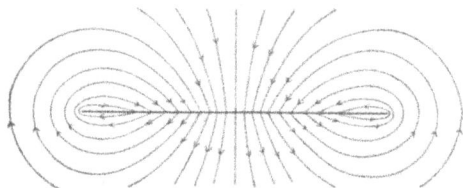

Abb. 95a.

Ort passiert hat, eine Helmholtzsche Wirbelfläche zurückläßt
nach Abb. 95b, die sich aus lauter einzelnen, auf beiden Seiten
gegenläufigen Wirbelfäden zusammensetzt. Diese Wirbelfäden werden an der Stelle des
Flügels einen ab-
wärts gerichteten
Luftstrom erzeugen,
der die Tragfähig-
keit vermindert, und

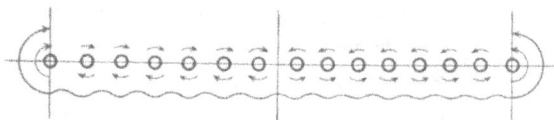

Abb. 95b.

zwar um so mehr, je geringer die Spannweite ist, wie dies aus
Gl. 59 ohne weiteres hervorgeht.

Streifen wir die umschlingende Kontrollkurve in Abb. 93 über
den Tragfügel hinweg, so schneidet sie fortgesetzt Wirbelfäden.
Nun ist aber die Zirkulation gleich der Summe aller umschlungenen
Wirbelstärken.

Man kann auch sagen: Die Zirkulation kann sich bei
Verschiebung der Leitlinie nur ändern, wenn diese dabei
Wirbel schneidet. Die Änderung der Zirkulation ist
gleich der Summe der geschnittenen Wirbelstärken.

Auf Grund dieser im wesentlichen in Abb. 93 und den folgenden Abbildungen veranschaulichten Vorstellungen gelang es Prandtl, die Theorie der endlichen Tragfläche mit einer Genauigkeit zu entwickeln, die nichts mehr zu wünschen übrig läßt. Insbesondere wurde dabei der längst gesuchte theoretische Widerstand der begrenzten Tragfläche in der reibungslosen Flüssigkeit gefunden, der sich von dem wirklichen gemessenen Widerstand nur durch die geringe Luftreibung an der Tragfläche unterscheidet.

Bevor zur Ableitung dieses Widerstandes geschritten wird, ist es noch nötig, die Wirkung eines Stabwirbels auf seine Umgebung etwas näher zubetrachten.

Ein nach beiden Seiten unendlich langer Wirbelfaden erzeugt im senkrechten Abstand a von seiner Achse, wie uns bekannt, eine Geschwindigkeit:

$$v = \frac{w}{a} = \frac{2\pi w}{2\pi a} = \frac{\Gamma}{2\pi a} \quad . \quad . \quad 60$$

Erstreckt sich aber, wie in unserem Falle, der von der Tragfläche ausgehende Wirbelfaden nur nach der einen Seite ins Unendliche, so ist in der zu seiner Achse senkrecht stehenden Ebene durch den Anfang die Geschwindigkeit aus Symmetriegründen nur vom halben Werte, also:

$$v = \frac{w}{2a} = \frac{\Gamma}{4\pi a} \quad . \quad . \quad . \quad . \quad 61$$

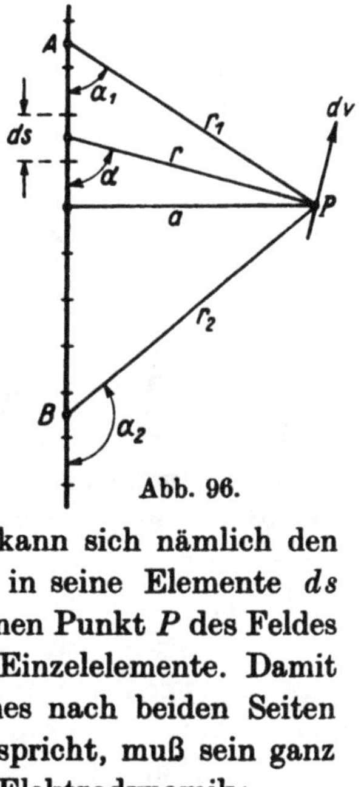

Abb. 96.

Dies muß noch bewiesen werden. Man kann sich nämlich den Wirbelfaden nach Abb. 96 zerlegt denken in seine Elemente ds und sich vorstellen, daß seine Wirkung auf einen Punkt P des Feldes sich zusammensetze aus den Wirkungen aller Einzelelemente. Damit für einen Punkt des Feldes der Einfluß eines nach beiden Seiten unendlich langen Stabwirbels der Gl. 60 entspricht, muß sein ganz analog dem Biot-Savartschen Gesetz der Elektrodynamik:

$$dv = \frac{w\,ds\sin\alpha}{2\,r^2} = \frac{2\pi w\,ds\sin\alpha}{4\pi r^2} = \frac{\Gamma\,ds\sin\alpha}{4\pi r^2} \,.$$

Für ein Stück AB des Fadens wird dann die Geschwindigkeit v senkrecht zur Papierebene im Punkte P:

$$v = \frac{\Gamma}{4\pi} \cdot \int_A^B \frac{\sin\alpha}{r^2}\,ds\,.$$

Ist a der senkrechte Abstand des Punktes P von der Wirbel-achse, so folgt:

$$r = \frac{a}{\sin \alpha} \quad \text{und} \quad \sin \alpha = \frac{r \, d \, \alpha}{ds} \quad \text{oder} \quad ds = \frac{a \, d \, \alpha}{\sin^2 \alpha}.$$

Damit wird:

$$v = \frac{\Gamma}{4 \, \pi} \int_A^B \frac{\sin \alpha}{a} d \alpha \quad \text{oder} \quad v = \frac{\Gamma}{4 \, \pi \, a} (\cos \alpha_1 - \cos \alpha_2)$$

für den beiderseits unendlich langen Faden folgt daraus mit $\alpha_1 = 0$ und $\alpha_2 = 180^0$ die Gl. 60:

$$v = \frac{\Gamma}{2 \, \pi \, a},$$

und für den Faden, der sich nur nach einer Seite ins Unendliche erstreckt, folgt mit $\alpha_1 = 90^0$ und $\alpha_2 = 180^0$ die Gl. 61:

$$v = \frac{\Gamma}{4 \, \pi \, a}$$

was zu beweisen war.

Nach diesen Vorbereitungen sind wir erst in die Lage versetzt, das Endziel unserer Aufgabe zu erreichen.

32. Die Ableitung des theoretischen Widerstandes.

Um die natürliche Abnahme des Auftriebes von der Mitte nach den Flügelenden bis auf Null herab gesetzmäßig fassen zu können, nehmen wir an, daß diese Abnahme nach Abb. 97 nach den Ordi-naten einer Halbellipse erfolgen möge. Es ist dies eine sehr ein-leuchtende Form der Abnahme des Auftriebes, von der sich später auch zeigen wird, daß sie ganz besondere Vorteile bietet. Da nach dem Satze von Joukowski der Auftrieb eines jeden Flächenstreifens von der Breite dx proportional der Zirkulation ist, so tragen wir die Zirkulation in der Mitte Γ_0 als kleine Achse der Ellipse auf, deren große Achse durch die halbe Spannweite b des rechteckig begrenzten Tragflügels dargestellt wird. Die Abnahme der Zirkulation erfolgt dann nach der Gleichung der Ellipse.

Ist die Zirkulation allgemein gegeben als Funktion der Abszisse x, so wird in einem Abschnitt dx, in dem sich die Zirkulation um $\frac{d\Gamma}{dx} \cdot dx$ ändert, nach Abb. 93 ein Wirbelfaden von der gleichen Stärke nach rückwärts abgehen.

Im Abstande a von der Flächenmitte erzeugt dieser Faden nach Gl. 61 eine Vertikalgeschwindigkeit nach unten oder nach oben gerichtet von der Größe:

$$d\mathfrak{u} = \frac{1}{4\pi}\left(\frac{d\Gamma}{dx} \cdot dx\right) \cdot \frac{1}{a-x}.$$

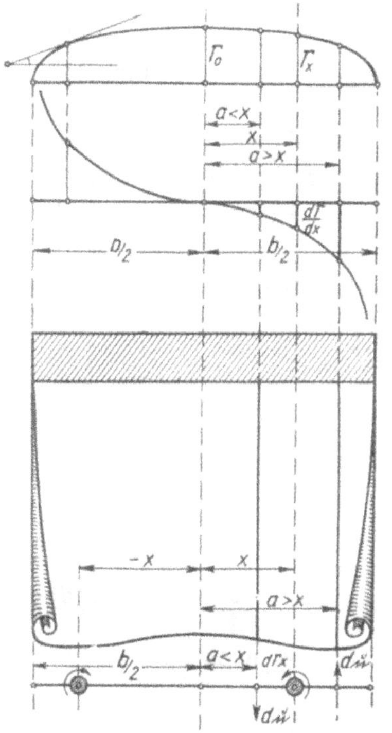

Abb. 97.

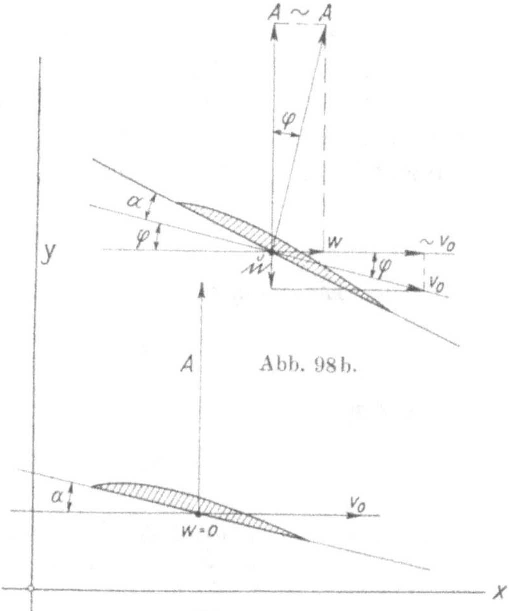

Abb. 98 b.

Abb. 98 a.

Die gesamte Vertikalgeschwindigkeit im Abstande a wird dann:

$$\mathfrak{u}_a = \frac{1}{4\pi}\int_{-\frac{b}{2}}^{+\frac{b}{2}} \frac{1}{a-x} \cdot \frac{d\Gamma}{dx} dx \quad \ldots \ldots \ldots 62$$

Diese Vertikalgeschwindigkeit ist die Ursache einer Abwärtsneigung der gesamten Strömung gegen den Tragflächenausschnitt von der Breite dx im Abstande a von der Mitte um den kleinen Winkel φ nach Abb. 98 b, so daß

$$\operatorname{tg}\varphi = \frac{\mathfrak{u}_a}{v_0} \quad \ldots \ldots \ldots \ldots 63$$

Der Auftrieb an dieser Stelle ist nach dem Satze von Joukowski:

$$d A = \frac{\gamma}{g} \Gamma_a v_0 \, dx \ \ldots \ldots \ldots \ 64$$

Um den ursprünglichen, nach Abb. 98a überall konstanten An-
stellungswinkel α, den die Sehne des Profiles mit der Fluggeschwindigkeit v_0 bildet, wieder herzustellen, müssen wir das Profil
wegen der jetzt nach abwärts abgelenkten Strömung um den
Winkel φ nach aufwärts drehen. Der nun entstandene neue Auftrieb ist entsprechend der größeren resultierenden Geschwindigkeit
größer geworden. Bei der Kleinheit des Winkels φ kann nach
Abb. 98b dieser Unterschied jedoch vernachlässigt werden. Durch
diese Rückwärtsneigung der ganzen Abbildung um den Winkel φ
entsteht jedoch jetzt ein Widerstand von der Größe:

$$d W = d A \operatorname{tg} \varphi = d A \frac{\mathrm{u}_a}{v_0}$$

und nach Einsetzen von dA nach Gl. 64:

$$d W = \frac{\gamma}{g} \Gamma_a \cdot \mathrm{u}_a \, dx.$$

Der gesamte Widerstand |wird daher:

$$W = \frac{\gamma}{g} \int \Gamma \mathrm{u} \, dx \ \ldots \ldots \ldots \ldots \ 65$$

Setzt man entsprechend der Auftriebsverteilung nach einer Halbellipse nach der Ellipsengleichung:

$$\Gamma = \Gamma_0 \sqrt{1 - \frac{x^2}{\left(\frac{b}{2}\right)^2}} \ \ldots \ldots \ldots \ 66$$

Aus dieser Gleichung folgt:

$$\frac{d\Gamma}{dx} = \frac{-\Gamma_0 x}{\frac{b}{2} \sqrt{\left(\frac{b}{2}\right)^2 - x^2}}$$

und nach Einsetzen in Gl. 62:

$$\mathrm{u}_a = \frac{1}{4\pi} \int\limits_{-\frac{b}{2}}^{+\frac{b}{2}} \frac{-\Gamma_0 x \, dx}{\frac{b}{2} \sqrt{\left(\frac{b}{2}\right)^2 - x^2}(a-x)}.$$

Die Lösung des Integrals erfolgt durch die Substitution $a - x = \dfrac{1}{z}$ und ergibt innerhalb der bestimmten Grenzen das einfache Resultat:

$$u_a = \frac{\Gamma_0}{2\,b} = \textit{Konstant an jeder Stelle.}$$

Daher:

$$u = \frac{\Gamma_0}{2\,b} \cdot \quad . \quad . \quad . \quad . \quad . \quad . \quad . \quad . \quad 67$$

Die elliptische Verteilung des Auftriebes liefert also eine überall konstante Vertikalkomponente, wodurch die ganze Aufgabe bedeutend vereinfacht wird. Aus der allgemeinen Differentialgleichung für den Auftrieb nach dem Satze von Joukowski:

$$d A = \frac{\gamma}{g}\,\Gamma\,v_0\,d x$$

wird mit elliptischer Verteilung nach Gl. 66

$$A = \frac{\gamma}{g}\,v_0 \int_{-\frac{b}{2}}^{+\frac{b}{2}} \Gamma\,d x = \frac{\gamma}{g}\,v_0 \int_{-\frac{b}{2}}^{+\frac{b}{2}} \Gamma_0 \sqrt{1 - \frac{x^2}{\left(\frac{b}{2}\right)^2}}\,d x,$$

woraus sich nach Lösung ergibt:

$$A = \frac{\gamma}{g}\,v_0\,\frac{\pi}{4}\,\Gamma_0\,b \quad . \quad . \quad . \quad . \quad . \quad . \quad . \quad 68$$

und daraus:

$$\Gamma_0 = \frac{4\,A}{\dfrac{\gamma}{g}\,\pi\,v_0\,b^2} \quad . \quad . \quad . \quad . \quad . \quad . \quad 68a$$

Dies eingesetzt in Gl. 67 liefert:

$$u = \frac{2\,A}{\dfrac{\gamma}{g}\,\pi\,v_0\,b^2} \quad . \quad . \quad . \quad . \quad . \quad . \quad . \quad 69$$

Schließlich wird wegen der konstanten Vertikalgeschwindigkeit sehr einfach:

$$W = A\,\frac{u}{v_0}$$

und nach Einsetzen von u aus Gl. 69 wird der gesuchte Widerstand:

$$W = \frac{2A^2}{b^2 v_0^2 \frac{\gamma}{g} \pi} = \frac{A^2}{\pi b^2 q} \quad \ldots \ldots 70$$

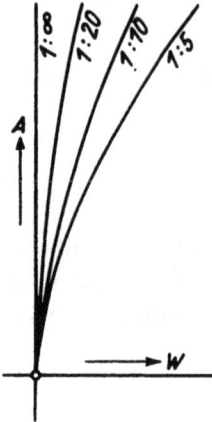

wobei $q = \frac{\gamma}{2g} v_0^2$ den Staudruck darstellt. Nach Gl. 70 erscheint der Widerstand im Diagramm der Abb. 99 als Parabel, die um so flacher verläuft, je größer die Spannweite b des Tragflügels wird. Für die unbegrenzte Tragfläche, also für $b = \infty$, geht sie über in die y-Achse, d. h. der Widerstand verschwindet, wie dies nach Abschnitt 29 notwendig ist. Man bezeichnet die Widerstandskurve daher als „Widerstandsparabel". In Abb. 99 ist sie für verschiedene Verhältnisse von Tragflächentiefe zu Spannweite eingezeichnet.

Abb. 99.

Abb. 100 zeigt den Vergleich der Theorie mit einem Göttinger Versuch. Der Unterschied zwischen der theoretischen Widerstandsparabel und der gemessenen Kurve des Polardiagramms ist innerhalb der praktisch benutzten Anstellwinkel so gering, daß er vollständig durch die Luftreibung zu erklären ist.

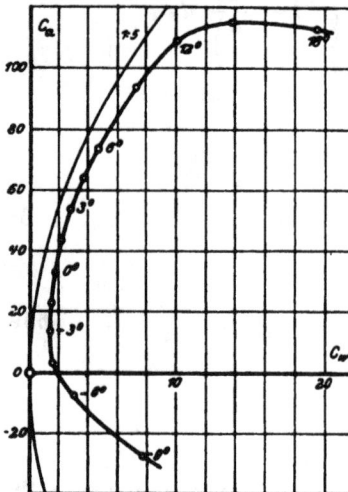

Bei extremen Winkeln reißt die Strömung von der Tragfläche ab, da infolge intensiver Wirbelbildung die Potentialströmung verlorengeht, und damit auch unsere Voraussetzungen hinfällig werden.

Der theoretische Widerstand der Tragfläche mit endlicher Spannweite heißt nach Betz der „Randwiderstand", da er in der idealen Flüssigkeit nur die Folge der endlichen

Abb. 100.

Spannweite der Tragfläche ist und durch die Wirbelbildung an den Enden, den abgeschnittenen Rändern der Fläche, bedingt wird.

Der Unterschied zwischen dem wirklichen Widerstand und dem idealen Widerstand, also in Abb. 100 die Abszissendifferenz beider

Kurven, heißt der „Restwiderstand", der im wesentlichen der Luftreibung entspringt. Er ist so gut wie unabhängig vom Seitenverhältnis der Fläche, das bekanntlich eine erhebliche Rolle spielt, was schon aus Abb. 99 hervorgeht. Dieser Umstand gestattet daher eine bequeme Umrechnung mit Hilfe der Prandtlschen Tragflächentheorie von einem Seitenverhältnis zum anderen. Dagegen ist der Restwiderstand abhängig vom Profil, was naheliegend ist, und er wird deshalb auch „Profilwiderstand" genannt.

Zum Beweise dafür, daß diese Umrechnung ausgezeichnet stimmt, zeigt Abb. 101 die Messungsergebnisse des Göttinger Institutes für ein und dasselbe Profil von den verschiedenen in Abbildung eingeschriebenen Seitenverhältnissen, deren Reduktion auf das Seitenverhältnis 1 : 5 in der Abb. 102 aufgetragen, mit einer nichts zu wünschen übriglassenden Genauigkeit ein und dieselbe Polarkurve liefert,

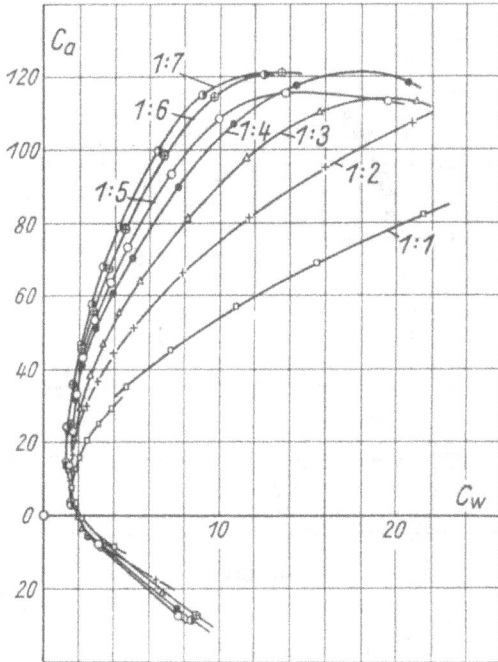

Abb. 101.

die sich mit der tatsächlichen Messung der Profiles 1 : 5 in Abb. 101 vollständig deckt.

Aus Gl. 70 wird für $A = G$, wobei G das Gewicht der Tragfläche mit Inhalt bedeutet:

$$W = \frac{2\,G^2}{b^2\,v_0^2\,\frac{\gamma}{g}\,\pi} \qquad \dots \dots \dots \dots \dots 71$$

Die theoretisch mindeste Flugleistung wird damit:

$$L = W \cdot v = \frac{2\,G^2}{b^2\,v_0\,\frac{\gamma}{g}\,\pi} \qquad \dots \dots \dots \dots 72$$

Diese sehr wertvolle Gleichung gestattet uns, die theoretisch mindestens notwendige, effektive Flugleistung zu berechnen für einen Tragflügel von einem gesamten Fluggewichte G und einer Spannweite b bei einer Fluggeschwindigkeit v_0.

Um ein Rechnungsbeispiel durchzuführen, wollen wir mit Hilfe der Gl. 72 die immer wieder auftauchende Frage beantworten, ob ein Mensch imstande sei, aus eigener Kraft zu fliegen. Setzen wir das Gewicht eines Menschen zu 75 kg an und das Gewicht des Tragflügels mit Antriebsmechanismus usw. zu nur 45 kg, so ergibt sich ein gesamtes Fluggewicht $G = 120$ kg. Für eine Flügelspannweite b gleich 10 m und eine Fluggeschwindigkeit von

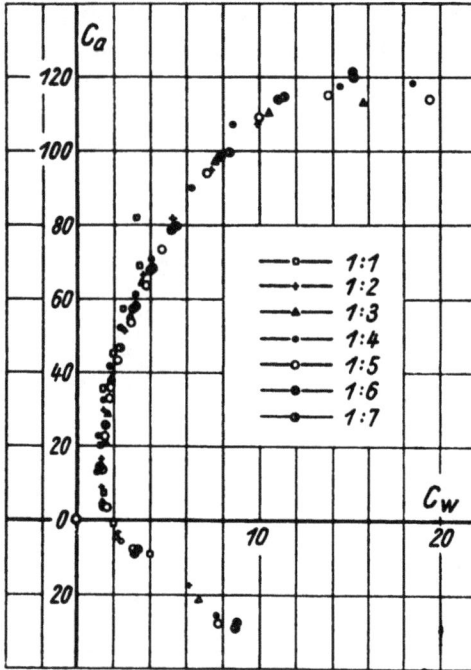

Abb. 102.

$v_0 = 10$ m/sek. erhalten wir aus Gl. 72, wenn wir $\dfrac{\gamma}{g} \sim \dfrac{1}{8}$ setzen:

$$L = \frac{2 \cdot 120^2 \cdot 8}{1000\,\pi} \sim 75\ \text{mkg/sek} \sim 1\ \text{P.S.}$$

also zirka 1 Pferdestärke. Dazu käme noch der Wirkungsgrad des Propellerapparates. Eine Pferdestärke kann von einem Menschen nur eine sehr kurze Zeit geleistet werden. Eine Vorstellung von der damit verbundenen Anstrengung erhält man, wenn man sich denkt, daß ein Mensch von 75 kg Gewicht auf einer schiefen Ebene, gleichviel welcher Neigung, derart schnell hinauflaufen soll, daß er in jeder Sekunde 1 m Höhenunterschied bewältigt. Es ist kaum anzunehmen, daß diese Art von Flugsport viele Anhänger gewinnt.

Setzen wir in Gl. 71 $b = \infty$, dann wird $W = 0$, wie dies für den Flügel mit unendlicher Spannweite gilt. Die Zirkulation müßte dann freilich von vornherein vorhanden sein, da in der reibungslosen Flüssigkeit keine Möglichkeit besteht, sie zu erzeugen.

In unserem Polardiagramm Abb. 100 wird der Auftrieb zu Null, für einen Anstellwinkel von — 5°, das ist der Schnittpunkt der Polarkurve mit der c_w-Achse. Es ist dies bekanntlich der Anstellwinkel für den senkrechten Gleitsturzflug. Wenn bei diesem Anstellwinkel der ge-samte Auftrieb ver-schwindet, dann ver-schwindet auch die Zirkulation, und da mangels eines Druck-unterschiedes über und unter der Tragfläche kein Umströmen der

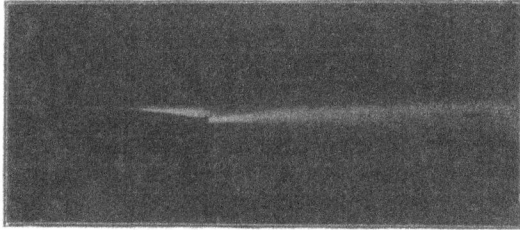

Abb. 103.

Flügelränder stattfinden kann, so verschwinden auch die Wirbel-zöpfe, die wir in den Aufnahmen Abb. 91a und 91b so schön be-obachten können. Die Göttinger Aufnahme Abb. 103[1]) zeigt nun die sichtbar gemachte Strömung an den Flügelrändern für diesen Anstellwinkel von — 5°, die in der Tat vollkommen glatt und ohne Drehung verläuft, wie dies die Theorie verlangt.

In der theoretischen Widerstandsparabel der Abb. 100 wird für diesen Punkt der Kurve (Koordinatenanfang) natürlich auch der Widerstand zu Null. Der geringe Abszissenunterschied entspringt der Luftreibung an der Tragfläche.

Literatur.

1. Bauer, Die Helmholtzsche Wirbeltheorie für Ingenieure.

2. Betz, Beiträge zur Tragflügeltheorie. Diss. Göttingen.

3. Betz, Die gegenseitige Beeinflussung zweier Tragflächen. Z. F. M. 1912, 1913 und 1914.

4. Finsterwalder, Die Aerodynamik als Grundlage der Luftschiffahrt. Z. F. M. 1910.

5. O. Föppl, Windkräfte an ebenen und gewölbten Platten. Diss. Aachen.

6. Fuhrmann, Theoretische und experimentelle Untersuchungen an Ballon-modellen. Jahrbuch der Motorluftschiff-Studien-Gesellschaft Band V.

7. Fuchs-Hopf, Aerodynamik.

8. Grammel, Die hydrodynamischen Grundlagen des Fluges.

9. Joukowski, Aerodynamique.

---

[1]) Aus Prandtl, Ergebnisse der Aerodynamischen Versuchsanstalt zu Göttingen, 2. Lieferung, Verlag von R. Oldenbourg, München und Berlin 1923.

10. J o u k o w s k i , Über die Konturen der Tragflächen der Drachenflieger. Z. F. M. 1910 und 1912.

11. K á r m á n , Abhandlungen aus dem aerodynamischen Institut der Techn. Hochschule Aachen.

12. K u t t a , Über ebene Zirkulationsströmungen, nebst flugtechnischen Anwendungen. Sitzungsberichte der Bayer. Akademie der Wissenschaften 1910 und 1911.

13. L a m b , Hydrodynamik.

14. L a n c h e s t e r , Aerodynamik.

15. L e w e n t , Konforme Abbildung.

16. L o r e n z , Technische Hydrodynamik.

17. M i s e s , Zur Theorie des Tragflächenauftriebes. Z. F. M. 1917 und 1920.

18. P ö s c h l , Lehrbuch der Hydraulik.

19. P r a n d t l , Ergebnisse der Aerodynamischen Versuchsanstalt in Göttingen.

20. P r a n d t l , Über Flüssigkeitsbewegungen bei sehr kleiner Reibung. Verh. des III. int. Math. Kongresses, Heidelberg 1904. Leipzig u. Berlin 1905.

21. P r a n d t l , Flüssigkeitsbewegung. Handwörterbuch der Naturwissenschaften, Jena 1913. Band IV.

22. P r ö l l , Flugtechnik.

23. R u b a c h , Über die Entstehung und Fortbewegung des Wirbelpaares hinter zylindrischen Körpern. Forschungsarbeiten auf dem Gebiet des Ingenieurwesens. 1916.

24. T r e f f t z , Graphische Konstruktion Joukowskischer Tragflächen. Z.F.M. 1913

FACHLITERATUR

Berichte und Abhandlungen der Wissenschaftlichen Gesellschaft für Luftfahrt.
(Beihefte zur „Zeitschrift für Flugtechnik und Motorluftschiffahrt“).
Schriftleitung: Hauptmann a. D. G. Krupp-Berlin. Wissenschaftliche Leitung: Prof. Dr.-Ing. e. h. Dr. L. Prandtl-Göttingen und Prof. Dr.-Ing. Wilh. Hoff-Berlin-Adlershof.
Bisher erschienen: 14 Hefte (ab Heft 10 regelmäßig als „Jahrbuch der Wissenschaftlichen Gesellschaft für Luftfahrt“). Prospekt mit ausführlicher Inhaltsangabe der einzelnen Hefte kostenlos.

Leichtflugzeugbau.
Von Dr.-Ing. G. Lachmann. 147 Seiten, 107 Abb. Gr.-8°. 1925. Brosch. M. 6.—.

Der Vogelflug als Grundlage der Fliegekunst.
Von Otto Lilienthal. 2. Auflage von Gustav Lilienthal. 210 Seiten, 93 Abb., 7 Tafeln. Gr.-8°. 1910. Gebunden M. 9.50.

Die meteorologische Ausbildung des Fliegers.
Von Prof. Dr. Franz Linke. 2. Auflage. 98 Seiten, 50 Abb., Karten und Tabellen. 8°. 1917. Gebunden M. 2.50.

Luftfahrzeugbau und -führung.
Herausgegeben von Georg Paul Neumann.
3. Band: Chemie der Gase. Von Dr. Fr. Brähmer. 152 S., 62 Abb. 8°. 1911. Gebunden M. 3.—.
4 und 5. Band: Der Maschinenflug. Von Joseph Hoffmann. 239 S., 160 Abb. 8°. 1911. Geb. M. 4.50.
6. Band: Luftschrauben. Von Ing. Paul Béjeuhr. 188 S., 95 Abb. 8°. 1912. Gebunden M. 3.—.
7. und 8. Band: Bau und Betrieb von Pralluftschiffen. Von Ing. R. Basenach. I. Teil: 108 S., 22 Abb. 8°. 1912. Geb. M. 2.25 — II. Teil: 125 S., 80 Abb. 8°. 1912. Gebunden M. 2.25.
10. und 11. Band: Mechanische Grundlagen des Flugzeugbaues. Von Prof. A. Baumann. I. Teil: 161 S., 36 Abb. 8°. 1913. Geb. M. 3.40 — II. Teil: 119 S., 28 Abb. 8°. 1913. Gebunden M. 3.—.
14. Band: Die Wasserdrachen. Von Jos. Hofmann. 87 S., 57 Abb. 8°. 1913. Gebunden M. 3.—.
15. Band: Anlage und Betrieb von Luftschiffhäfen. Von Dipl.-Ing. Christians. 154 S., 47 Abb. 8°. 1914. Geb. M. 3.40.
16. Band: Die angewandte Chemie in der Luftfahrt. Von Dr. Gésta Austerweil. 207 S., 92 Abb. 8°. 1914. Geb. M. 4.20.
Band 1, 2, 13 vergriffen, 9, 12 nicht erschienen.

Die physikalischen Grundlagen der Höhennavigation.
Von K. Bassus. 169 Seiten, 67 Abb. Kl. 8°. 1917. Geb. M. 4.70.

Flugmotoren.
Von Obering. Konrad Müller. 2., vermehrte und verbesserte Auflage. 147 Seiten, 211 Abb. Gr.-8°. 1918. Brosch. M. 3.—.

Ergebnisse d. Aerodynamischen Versuchsanstalt z. Göttingen.
(angegliedert d. Kaiser-Wilhelm-Institut f. Strömungsforschung). Herausgegeben von Prof. Dr.-Ing. e. h. Dr. L. Prandtl und Prof. Dipl.-Ing. Dr. A. Betz.
1. Lieferung: 3. Aufl. 114 S., 91 Abb., Lex.-8°. 1925. Brosch. M. 8.—.
2. Lieferung: 84 Seiten, 101 Abb. Lex.-8°. 1923. Brosch. M. 6.—.
3. Lieferung: 172 Seiten, 149 Abb., 276 Zahlentafeln. Lex.-8°. 1927. Brosch. M. 14.50, in Leinen M. 16.50.
Ausführlicher Prospekt über den Inhalt der einzelnen Lieferungen kostenlos.

Flugtechnik.
Von Prof. Dr.-Ing. Arthur Pröll. 342 Seiten, 95 Abb. 8°. 1919. Brosch. M. 7.—, geb. M. 8.20.

Der Luftschiffbau Schütte-Lanz 1909-1925.
Hrsg. von Prof. Dr.-Ing. e. h. Joh. Schütte. 160 S., 277 Abb., 4 Portr. Gr.-4°. 1926. Brosch. M. 13.—, in Leinen M. 16.—.
Inhalt: Vorwort von Joh. Schütte. — Starrluftschiff Bauart Schütte-Lanz von Dietrich Rühl. — Der Einfluß der Geschwindigkeit auf die Wirtschaftlichkeit der Verkehrsluftschiffe von Walter Bleistein. — Entwurf und Festigkeitsrechnungen der Schütte-Lanz-Luftschiffe vom Luftschiffbau Schütte-Lanz. — Beiträge zum Starrluftschiffbau von Georg Weiß. — Leichtkonstruktion des Luftschiffbaues Schütte-Lanz von Fritz Gentzcke. — Die Entwicklung der elektrischen Anlagen der Schütte-Lanz-Luftschiffe von Ulrich Asohmann. — Die Lieferung der Gaszellen und Außenhüllenstoffe für die Schütte-Lanz-Luftschiffe von Cl. Endres. — Der 240-PS-Mercedes-Luftschiffmotor von der Daimler Motorengesellschaft. — Der Großflugzeugbau des Luftschiffbaues Schütte-Lanz von Hillmann. — Klimatologie und Luftschiffahrt von Helffrich. — Anhang: Der Luftschiffbau Schütte-Lanz von Georg Dietrich. — Aus der Geschichte des Starrluftschiffbaues von Roeser. — Was hat die Luftschiffahrt dem Luftschiffbau Schütte-Lanz zu verdanken? Von Karl Grützner.

Tafeln zur Funkortung.
Von Dr. A. Wedemeyer. 154 S. Gr.-8°. 1925. In Leinen M. 12.—.

Vom Fliegen.
Von Prof. Dr. Kurt Wegener. 110 Seiten, 17 Abb. 8°. 1922. Brosch. M. 2.20.

R. OLDENBOURG, MÜNCHEN 32 u. BERLIN W 10